素晴らしきサイエンス
PHYSICS

ぼくらは「物理」のおかげで生きている

WE LIVE THANKS TO PHYSICS

横川淳

実務教育出版

はじめに

読者の皆様は、「物理」って、どのようなものだとイメージされていますか？　最近ですと、ノーベル物理学賞を日本の梶田隆章氏が受賞された折に「ニュートリノが……」という何やら難しそうな話題がテレビや新聞にあふれ返ったことを思い出します。「ニュートリノという目に見えない素粒子に質量があるかないか……なんていうことを解明するのが物理学なんだなあ、すごい！」と素直に思ってしまいますね。

確かにそのような、ある意味「宇宙の根本」みたいな、普通の人には手の届きにくい謎を解き明かすのも「物理学」の醍醐味の一つです。ただ、実際には物理はもう少し身近なところにたくさん顔を覗かせていて、そのことに気づくと日常の景色の見え方がまた違ってくるのです。これが物理のいいところです。

筆者の思い出話となりますが、中学生の頃に路面電車で通学しておりまして、車内で友人と次のような激論を交わしたことがあります。

「この電車から真上に向かってボールを投げたら、ボールはどこに落ちて来るのか」

その友人が何といったかは覚えていないのですが、筆者自身は執拗《しつよう》に「電車が先に走って行くから、ボールは電車の後ろに落ちるはずだ」と主張していたのを覚えています。ひとしきり議論が済んだ頃、電車は停留所に止まりました。そして、サラリーマン風のお兄さんがにっこり笑いながら「ボールはねぇ、電車の上にそのまま落ちてくるんよぉ（広島弁です）」といい残して電車を降りて行きました。

そのときは、「浅はかな会話を大人に聞かれていた！」という恥ずかしさが先に立って、その内容について考える余裕がなかったのですが、物理の勉強をした後でふと思い返してみると、これは「慣性の法則」ですね。本書の第1章5節で取り上げました。

その他にもよく考えると、電車の車輪や自動ドアを動かすモーター（第4章2節）、すれ違う救急車のサイレンの音の変化（第5章3節）、窓越しに見える青空や夕焼け（第5章2節）、ICカードでの支払い（第3章3節）など、通勤・通学場面のどれ一つをとっても、物理の応用があちこちに見られることがわかります。

本書はこのように、日常生活で体験できるさまざまな現象、あるいはハイテク機器などの中に隠れている「物理のメカニズム」を掘り起こし、紹介する目的で執筆しました。さすがにすべての物理法則を網羅することはできませんでしたが、「えっ？ こんなところにも物理が……」「えっ、あれもこれも物理なの？」と感じていただけるぐらいの分量にはなっていると思います。

興味のあるところから読んでいただければよいのですが、前半のほうがより日常生活に密着した内容を題材にしているので、前から順番に読んでいただくのが一番読みやすいのではないかと思います。

本書を読み終えられる頃には、目に映る日常の風景や何気なく手に取った道具の中に、物理が静かに息づいているということを感じていただけるのではないかと期待しています。物理は決して普通の人には手の届かない神秘的な何かではありませんし、ましてや公式を覚えてひたすら反復練習するものでもありません。知ることで世界の見え方が変わる、ちょっぴり人生が豊かに感じられるものなのです。

それでは物理のメガネをかけて、身の周りの世界を見渡してみましょう。

横川　淳

2016年　春

Contents

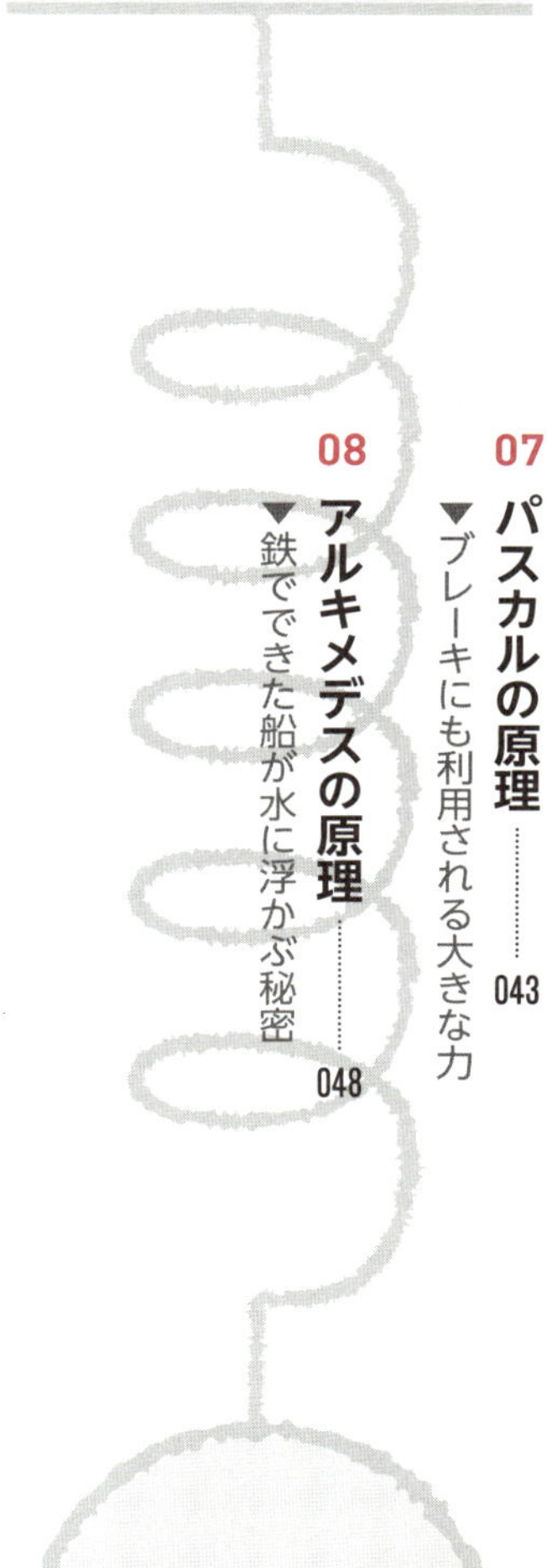

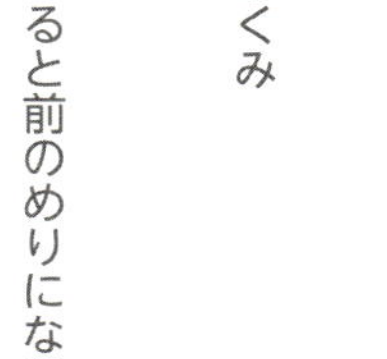

PART

2

モノの動きから「物理」を理解しよう！

PART 3 家電製品の「物理」なしくみを知る

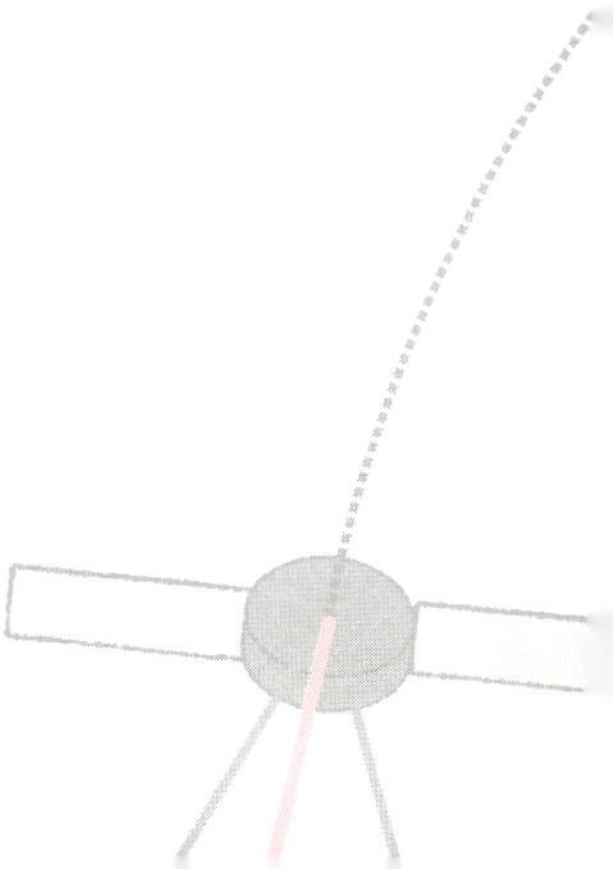

PART 4 ぼくらのインフラを支えている「物理」

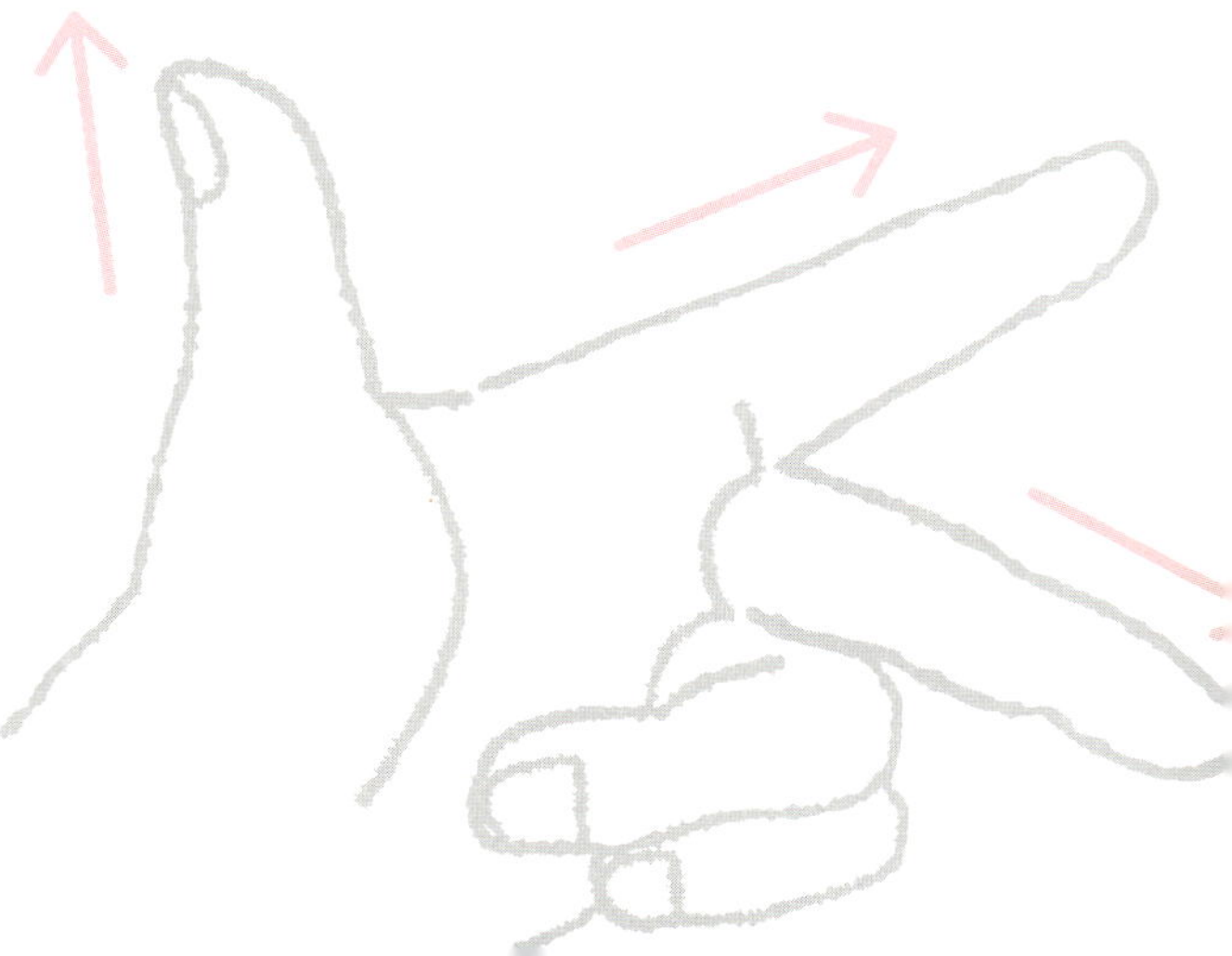

PART

5

もう一歩、自然を深く理解するための「物理」

PART 6
ミクロの世界から宇宙の果てまでの「物理」

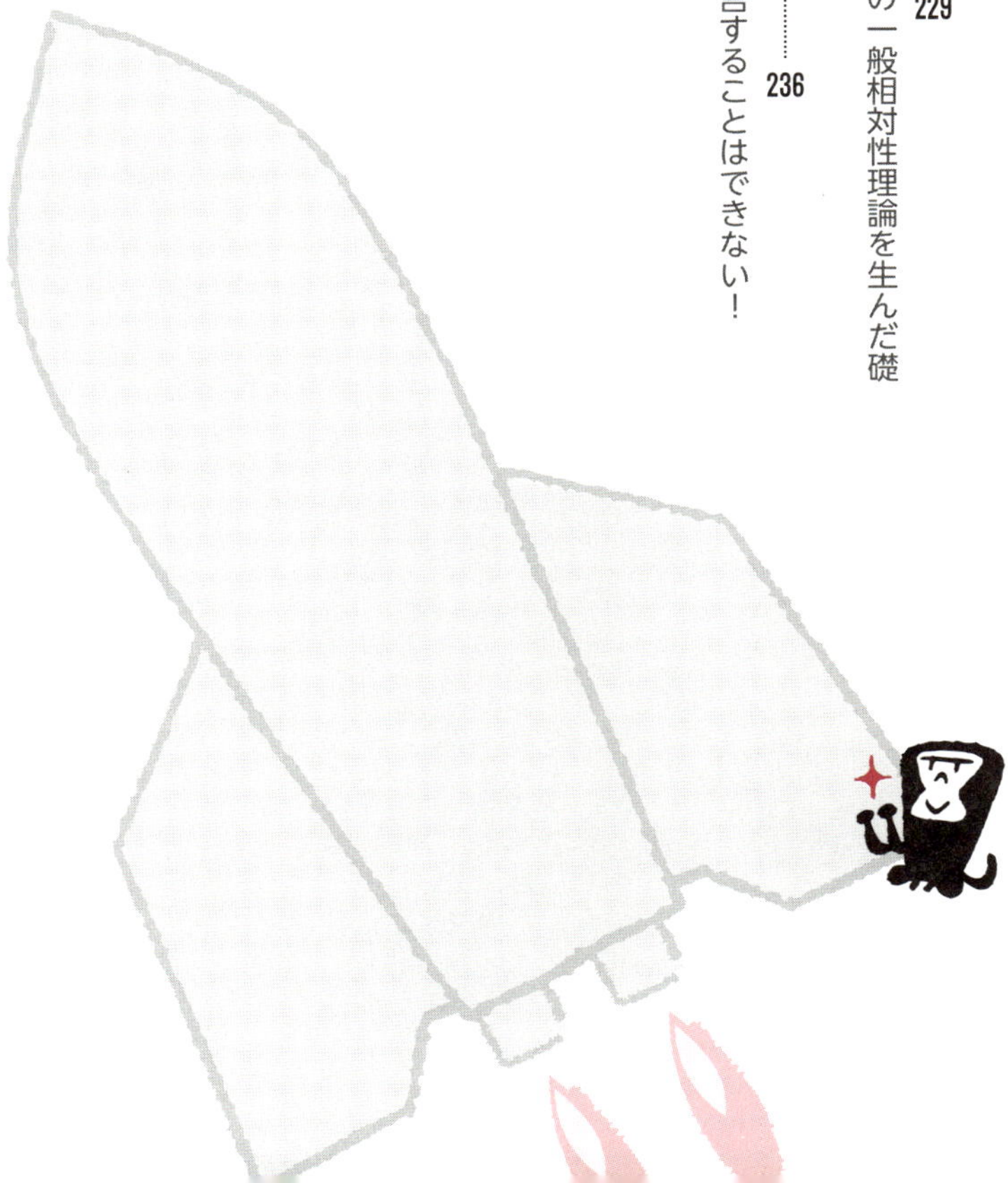

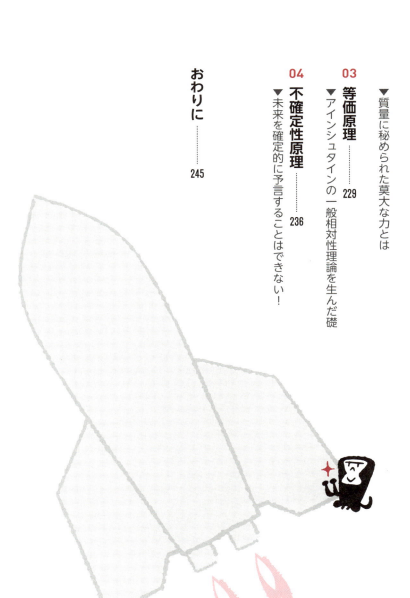

装丁／井上新八
カバー写真／ ©Siephoto/Masterfile/amanaimages
イラスト／福々ちえ
本文デザイン・DTP ／ムーブ（新田由起子、川野有佐）
編集協力／シラクサ（畑中隆）

PART 1

意外なところにある「物理」の法則

01

光の干渉

▼ブルーライトをカットする仕掛け

光の干渉

光は波なので、山と山・谷と谷がうまく重なり合うと強め合う。山と谷が重なると弱め合う。

街中を歩いていると、メガネが青く光っている人を見かける機会が増えました。実は筆者のメガネも青く光っているのですが、これは「ブルーライト・カット」と呼ばれるレンズのためです。このブルーライトは「光の干渉」という物理の現象と関係するので、そこからお話ししてみましょう。

光は電気と磁気の波だ！

そもそも、「光」に関しては前提となる知識がいくつかあります。

まず、光は「**電磁波**」の一種です（光は波なので）。「エッ、電磁波って、電子レンジとかパソコンから出ている、

電磁波の種類は波長で分けられる

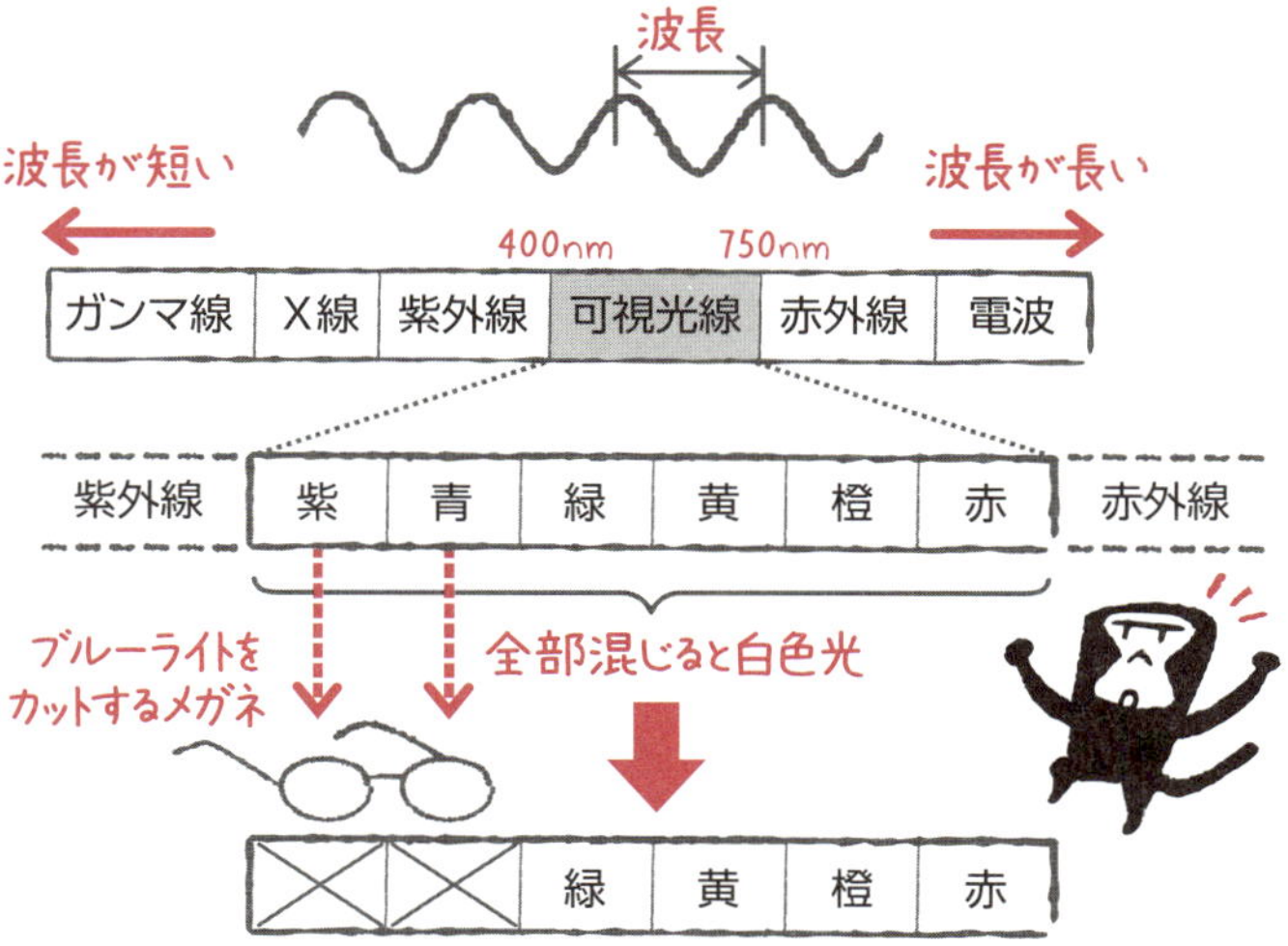

あの目に見えない〝何か〟のことじゃないの？」と思われるかもしれません。確かにそれも電磁波ですし、目に見える光も電磁波です。

難しくいえば、「電場」と「磁場」というものが振動しながら伝わってくるので「電磁波」という名前なのです。上の図に示すように、波長の長さによって性質も名前も異なります。「日焼けの元凶の紫外線も電磁波なの？」など、いくつか発見があるかもしれません。

目に見える光である「可視光線」は電磁波のうち、ごく限られた波長領域を指しますが、その中でも波長が違うと色が違って見えるのです。

短い波長が紫や青、真ん中あたりは緑や橙、長い波長の光は赤です。

そして、全部の波長の光がある程度均等に混じると白っぽく見えます。太陽の光はだいたいそんな具合になっています。

「ブルーライト」は要するに青い光のことであり、波長の短い光を指します（ブルーライトという特殊な光があるわけではありません）。以下、紫〜青あたりの領域の色をまとめて「青色*」と呼ぶことにします。

反射型レンズのしくみ

メーカーのホームページによると、ブルーライト・カットのレンズには「反射型」と「吸収型」の二つがあります。反射型は青色の光だけを反射し、吸収型は青色の光だけを吸収します。ということは、青く光っているメガネは「反射型」に違いありません。もしメガネが太陽光（＝白色光）のすべての光を均等に反射していたら、反射光は白っぽく見えるはずです。青い光だけを反射するので、メガネが青く見えるというわけですね。ブルーライト・カットのメガネをかけている人は、青い光、すなわち「ブルーライトを除去された残りの光（前ページ図の一番下の色）」が目に入るということです。

では、この反射型レンズは、どういうしくみで青色の光だけを反射させているのでしょ

* 青と紫の間に藍色を入れると、いわゆる「虹の七色」になります。波長の長いほうから「赤橙黄緑青藍紫（せき・とう・おう・りょく・せい・らん・し）」と覚えるのが日本風です。

青色の光だけを反射させるしくみ

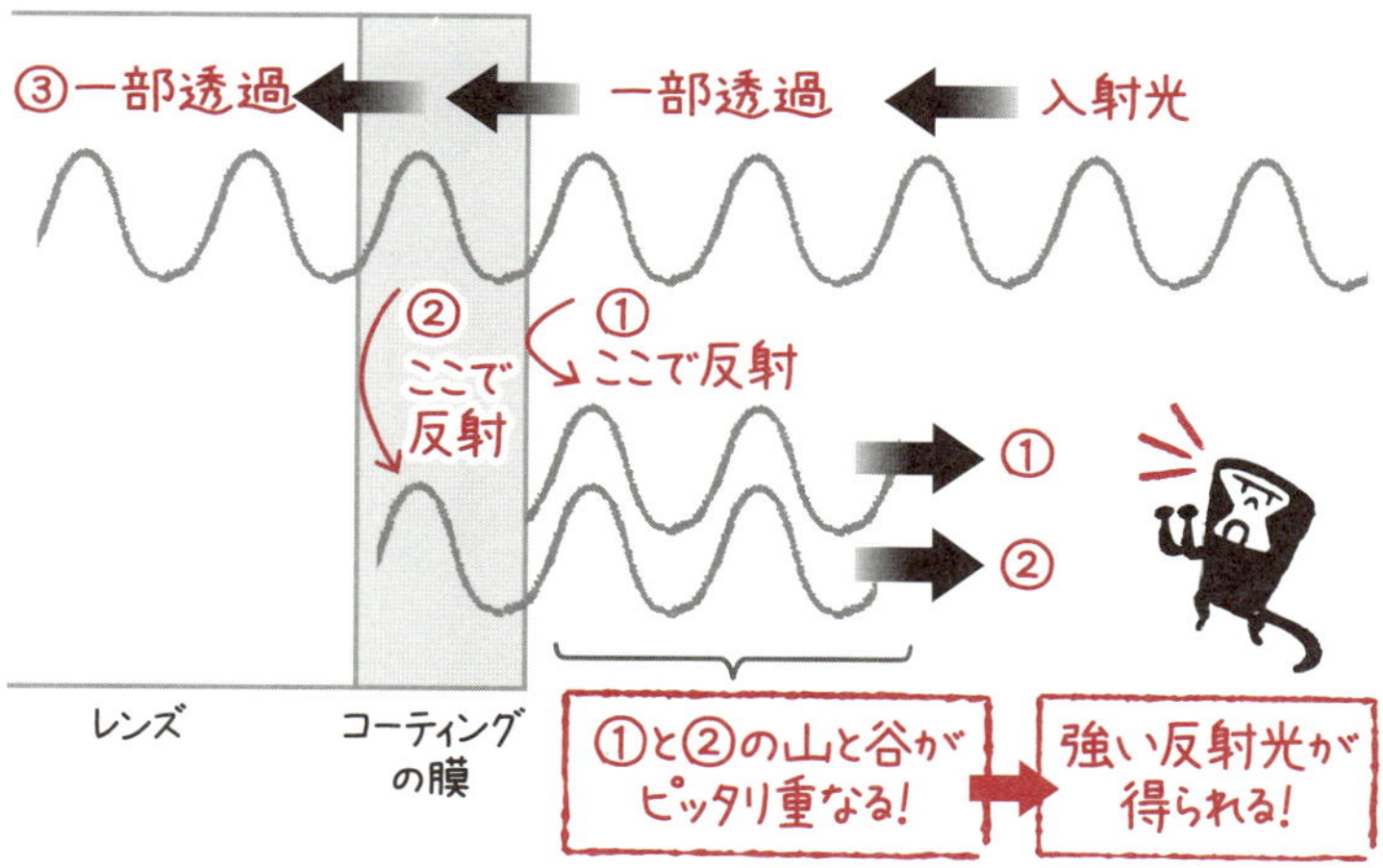

うか。

　いま、レンズの表面に薄くて透明な膜が塗りつけられているとしましょう。そこに光が入ってくると、膜の表面で反射する光①と、膜の表面を透過してレンズの表面で反射する光②と、そこも透過する光③に分かれます。

　ここで、①②の光について詳しく考えてみましょう。光は波ですから、山、谷、山、谷がウネウネと連なったものを想像してください。②の光は①の光より少し長い距離を通っているので、反射して再び膜の表面に戻ってきたときには、①の光とちょっとずれるかもしれません。そこで膜の厚さをうまく調節すれば、膜の表面で反射した①の光の山と、膜の表面まで戻ってきた②の光の山がちょうど重なるような状況が起こります。一般に、波は山と山・谷と谷が重なると強め合う性質があるので、この場合、強い反射光が得られるというわけです。

この図のように、青い光の波長に合わせて膜の厚さを調節すれば、①と②の光がうまく強め合い、青い光だけを強く反射するレンズができます。そして、白色光から青い光だけが強く反射されると、残った光③には青い光がほとんど含まれていない、すなわち「ブルーライト・カット」の状況になるわけです。

以上が、ブルーライト・カット用メガネが、周りの人から見て青く光る理由です。このように、二つの波が重なることで強め合ったり弱め合ったりする現象のことを「**波の干渉**」と呼びます。光の場合は「**光の干渉**」です。

膜の厚みと波長との関係で色がついているものは、他にも結構あります。例えばシャボン玉にいろいろな色がついて見えるのは、それぞれの場所によって異なるシャボン液の膜の厚さに応じた色が反射しているからです。

逆に、①と②の光が弱め合うように膜の厚さを決めれば、反射光を抑えることができます。これが「反射防止膜」の原理です。身の周りの「薄い膜」に注目しながら、いろいろな色を探してみると、物理学も少し楽しくなると思います。

02

てこの原理

▼小さな力で大きな力を生み出す

てこの原理

支点から力点までの距離を大きく、支点から作用点までの距離を小さくすれば、力点に加えた小さな力を増幅して作用点に伝えることができる。逆もまた成り立つ。

$$d_1 \times F_1 = d_2 \times F_2$$

d_1＝支点〜作用点の距離　F_1＝作用点にかかる力
d_2＝支点〜力点の距離　F_2＝力点にかける力

投資をされている方はよくご存じだと思いますが、「**レバレッジ**」という言葉があります。自分の手持ち資金に他人の資金をプラスして、より大きな金額の取引を行なうことです。このレバレッジ（leverage）のleverとは、「てこ」のことです。「小さな資金で大きな取引をする」ことが、「小さな力を大きく増幅する」という「てこの原理」と似ているため、「レバレッジ」と呼ばれるようです。

支点、力点、作用点を備えた「てこ」

では、そもそも「**てこの原理**」とはどのよ

てこの原理＝力点、作用点、支点の関係

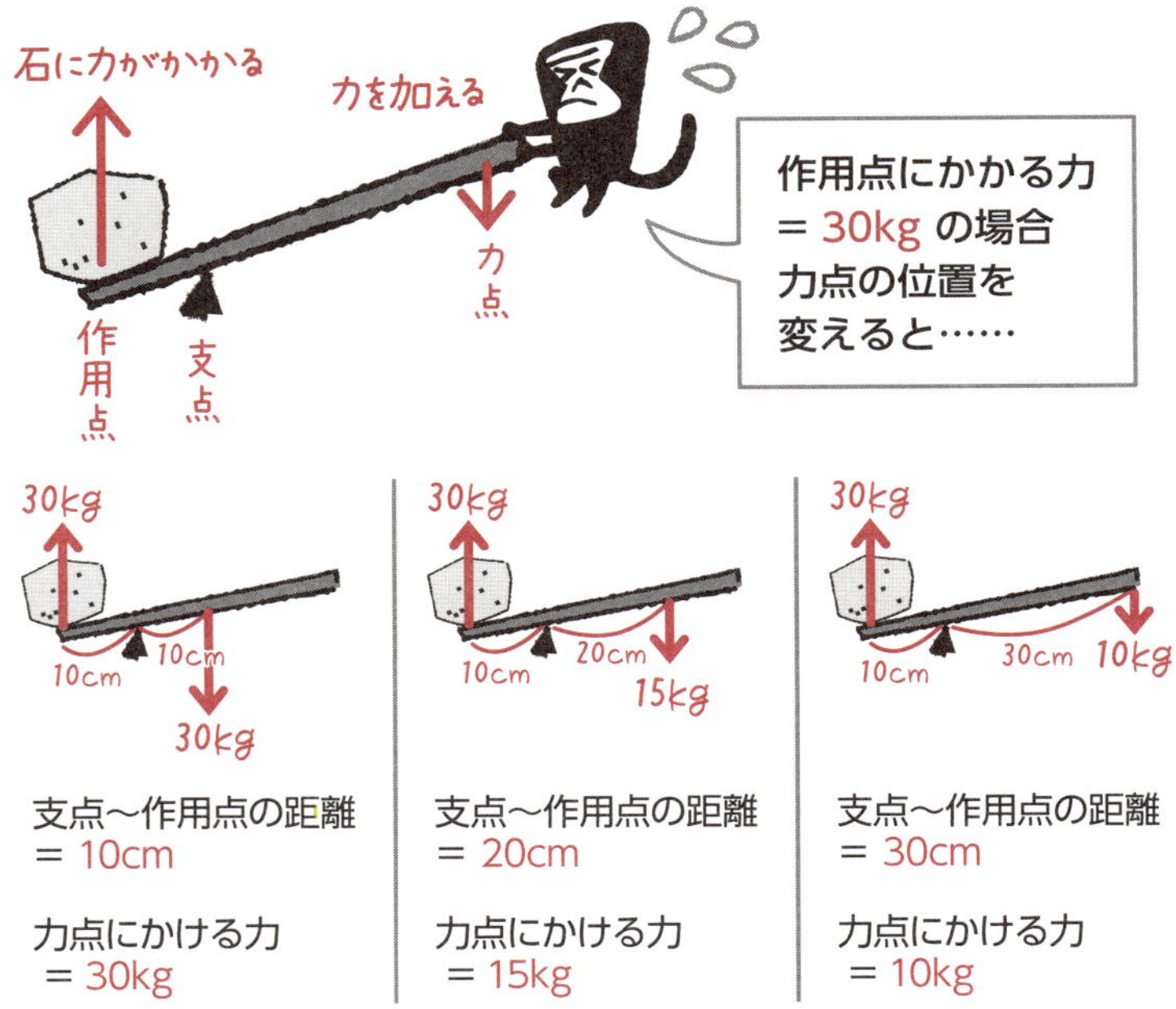

うなものでしょうか。具体的な道具をイメージしてみるのが一番です。例えば、上図のように重い石を棒で持ち上げるところを想定してみましょう。力を加えている点が「力点」、棒が石に力を加えている点が「作用点」、棒を下から支えている点が「支点」です。このように支点・力点・作用点を備えた道具のことを「てこ」と呼びます。

　例えば、石の重さが30kg*だとしましょう。つ

＊本当は力の単位は「kg」ではなく「kg重」ですが、ここではあまり気にしないことにします。「1kg重」とは「質量が1kgの物体にかかる重力の大きさ」という意味です。

てこの原理の公式

$$d_1 \times F_1 = d_2 \times F_2$$

d_1 ＝支点〜作用点の距離　d_2 ＝支点〜力点の距離
F_1 ＝作用点にかかる力　F_2 ＝力点にかける力

まり、作用点に30kgの力をかけないと石が動きません。このとき、支点〜作用点の距離と、支点〜力点の距離の関係によって、力点に加えるべき力の大きさが違ってきます。

仮に支点〜作用点の距離が10cmだとします。このとき、支点〜力点の距離も10cmにすると、力点に加えるべき力は30kgとなりますが、もし支点〜力点の距離を20cmに延ばすと、力点に加える力は半分の15kgで済みます。さらに、支点〜力点の距離を30cmに延ばすと、力は3分の1の10kgで済みます。

てこの原理を表わす公式

「てこの原理」がわかったところで、それを公式にすると、上図のようになります。

先ほどの例では、$d_1 \times F_1 = 10 \times 30 = 300$ です。$d_2 \times F_2$は10×30, 20×15, 30×10で、いずれも300

釘抜き、ハサミの「てこの原理」

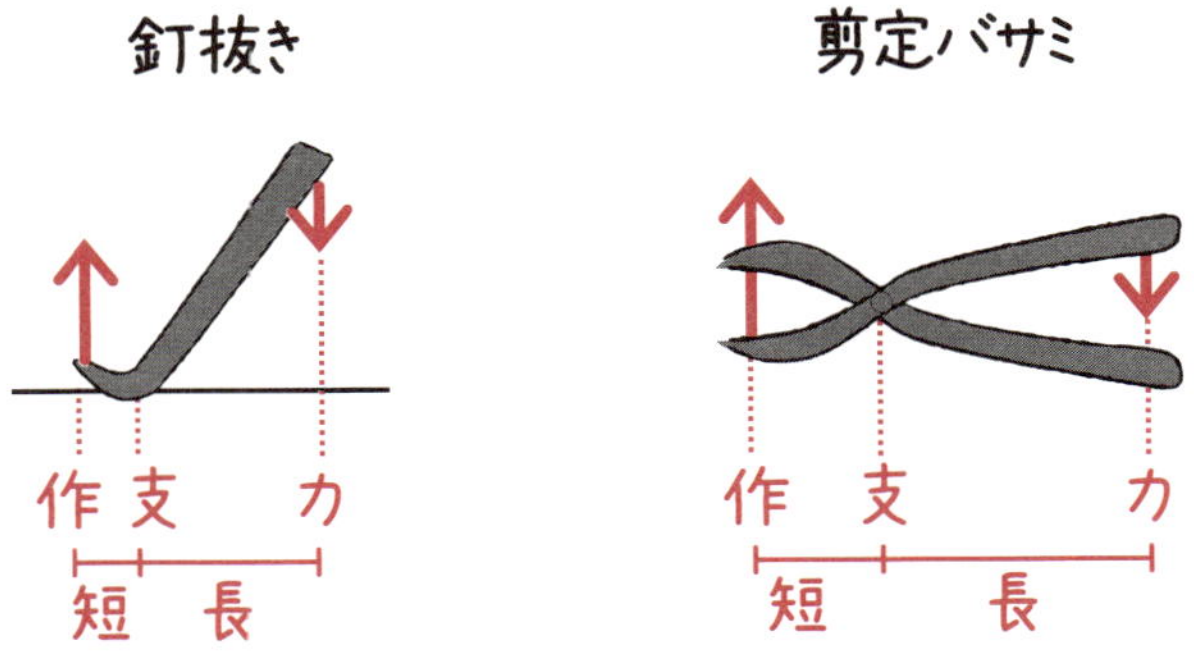

になるので、確かに$d_1 \times F_1 = d_2 \times F_2$が成り立っていますね。$d_2$と$F_2$の積が一定値（300）になるので、距離$d_2$を長くすれば、力$F_2$は小さくて済むということがわかります。

身の周りに「てこの原理」が使われている道具はたくさんあります。例えば、釘《くぎ》抜きやハサミ（特に剪定《せんてい》用のもの）などは、てこの原理を利用していることが理解しやすいでしょう。どちらも支点〜作用点の距離に比べ、支点〜力点の距離が長いので、「小さな力で大きな力を生み出す」ことができます。

逆にピンセットなどは支点〜力点の距離のほうが短くなっていて、「大きな力を小さな力に変換する」ことができるので、精密な作業に向いているといえるでしょう。ぜひ、他にも「てこの原理」が使われているものをいろいろと探してみてください。

03 摩擦帯電

▼静電気はどこから来るのか？

摩擦帯電

異なる物質を接触させて
こすり合わせると、
一方から他方へと
電子の移動が起こる。

冬によく起きる「**静電気**」――ドアノブに触れた途端、パチッと電気が流れる現象のことですね。これがよく起きる人のことを「静電気体質」などといいます。一体どこから電気が湧くのか不思議ですが、実は電気は湧いて来るわけではありません。電気がどこから来るのかをイメージできれば、冬の静電気対策も少しラクになるかもしれません。

電気は理由もなく増えたり、減ったりしない

そもそも電気にはプラスとマイナスの2種類があります。プラスとプラス、あるいはマイナスとマイナスは反発し合い、プラスとマイナスは引きつけ合う、と

物体が帯電する、というのは？

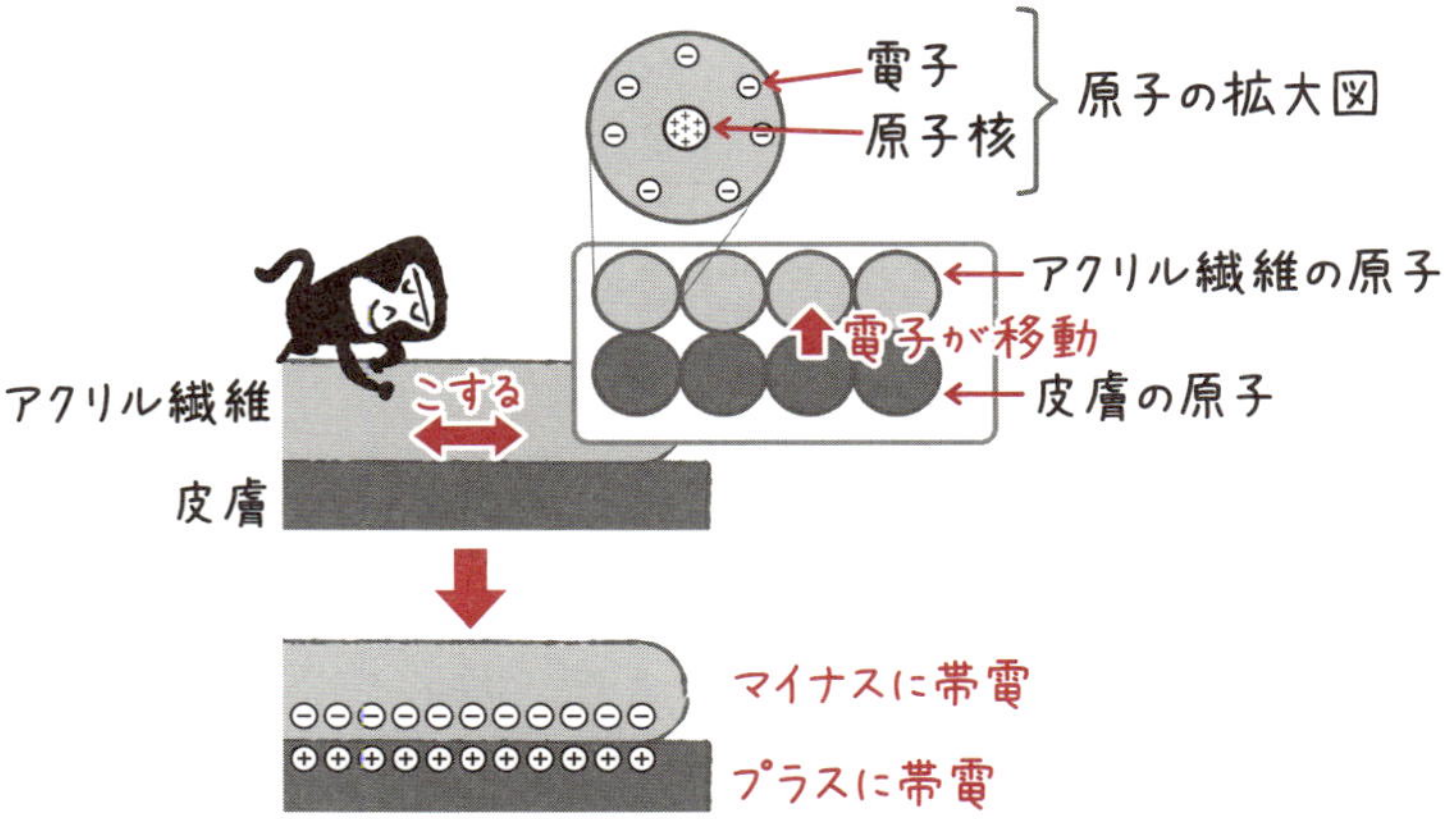

いうことはご存じだと思います。人体はもちろんのこと、物体をつくっている原子は、プラスの電気を持つ原子核とマイナスの電気を持つ電子で構成されていて、トータルでは電気量がプラスマイナス0になっています。

ここで重要な決まりが一つあります。それは「電気量は勝手に増えたり、減ったりしない」ということ。もしも電気量がゼロだった物体がいつの間にかマイナスの電気を持ったとすると、それは「どこかから電子が入って来た」ことを意味します。逆にプラスの電気を持ったとすれば、それは「電子がどこかへ逃げて行った」ということになります*。なお、物体が電気を持つことを「**帯電する**」といい、物体に電子が

＊プラスの電気を持つ原子核が出入りすることでも物体の電気量の増減は起こり得ますが、実際には原子核は電子に比べてとても重いので移動することはありません。

材料ごとの電子の「帯電列」

入って来ると、「物体がマイナスに帯電した」などと表現します。

プラスとマイナス、どっちに帯電する？

材質の種類によって、電子が出て行きやすかったり、出て行きにくかったり、ということがあります。どんな材質でも放っておけば勝手に電子が出て行くということはなく、必ず何かの刺激を与えねばなりません。ですから二つの物体を接触させて、こすったり引きはがしたりという形で刺激を与えると、一方の物体から他方の物体へと電子が移動する……すなわち両物体が帯電するわけなのです。このような様式の帯電を、「**摩擦帯電**」とか「剥離《はくり》帯電」と呼びます。

上図は、帯電のしやすさを並べた「**帯電列**」

静電気の放電のしくみはカミナリと同じ

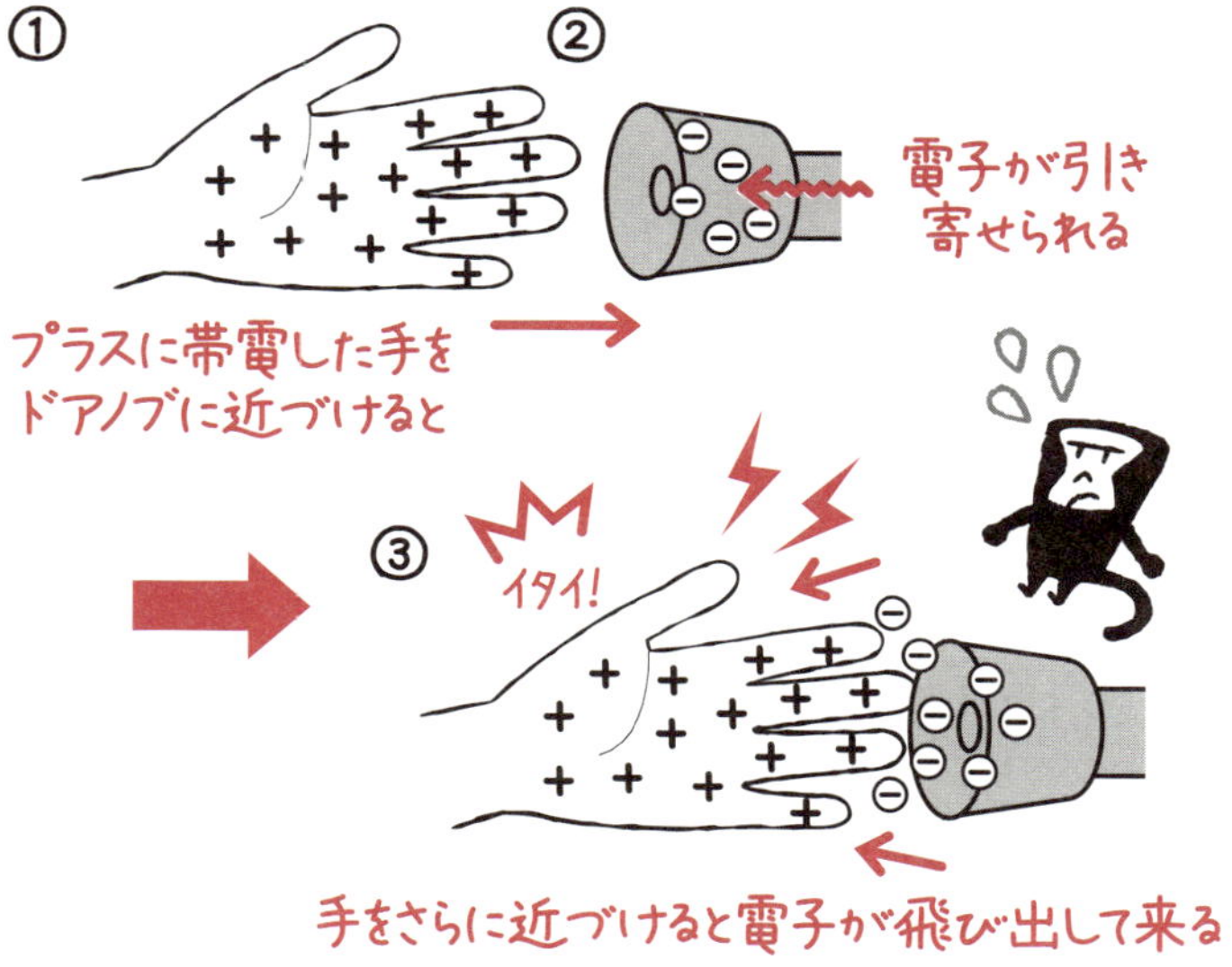

と呼ばれるものです。これを参考にすると、例えばアクリル繊維で皮膚をこすった場合、皮膚からアクリル繊維に向かって電子が移動して、皮膚がプラスに、アクリル繊維がマイナスに帯電するだろうということがわかります。

放電はなぜ起きるのか

では、冒頭で述べた「パチッ」となる静電気の現象について考えてみましょう。

いま、人体がプラスに帯電していて、その状態でドアノブに指先を近づけたとします。

プラスの電気はマイナスの電気を引きつけるので、ドアノブの中にある電子は指先に集まって来ます。指をドアノブに近づければ近づけるほど、電子を引きつける力が強くなり、ある程度近づいたところで電子が空中を飛んで指に入って来ます。このように電子がどこかへ放出される現象のことを「**放電**」といいます。短時間で多数の電子が指に向かって飛んで来ると、本当に火花が見えたり、指に痛みを感じます。このように、冬によくある「パチッ」となる静電気現象は、元をたどれば摩擦帯電が原因だったというワケです。

なお、夏に多いカミナリも一種の摩擦帯電です。雲の中で氷の粒どうしがぶつかり合うとき、大きい粒のほうがマイナスに帯電して雲の下側にたまっていきます。そうすると、地表の電子は遠くへ逃げて行きますので、地表にはプラスの電気が現われます。そのとき、雲の下部にたまった電子が、地表のプラスの電気に引っ張られて地面に向かって瞬時に飛び出す――これがカミナリです。確かに、パチッと来る静電気現象はカミナリによく似ていますね。

04

フックの法則

▼重さを長さに変換する賢いしくみ

フックの法則

多くの場合、弾性体に加えた力と変形量は比例する。

健康に気を遣われている方なら日々の体重測定は欠かさないことでしょうが、よく考えてみると、重さを測定するというのは不思議なことです。というのも、手に持ったときの「重い」「軽い」という感覚を、数値に変換しなければならないのですから。

バネの伸びと力の関係

誤解を恐れずに言い切ってしまうと、「重さを長さに変換する法則」があります。それによって、目に見えない重さという量を、ものさしなどで測定可能な長さに変換して、目盛りなどで表示しているのです。

この法則を「**フックの法則***」といいます。中学の理科で

＊法則名は、発見者ロバート・フック（1635～1703）に由来します。この他にも顕微鏡ではじめて細胞を観察するなど、多種多様な業績を残しました。

バネばかりは「変換器」だった！

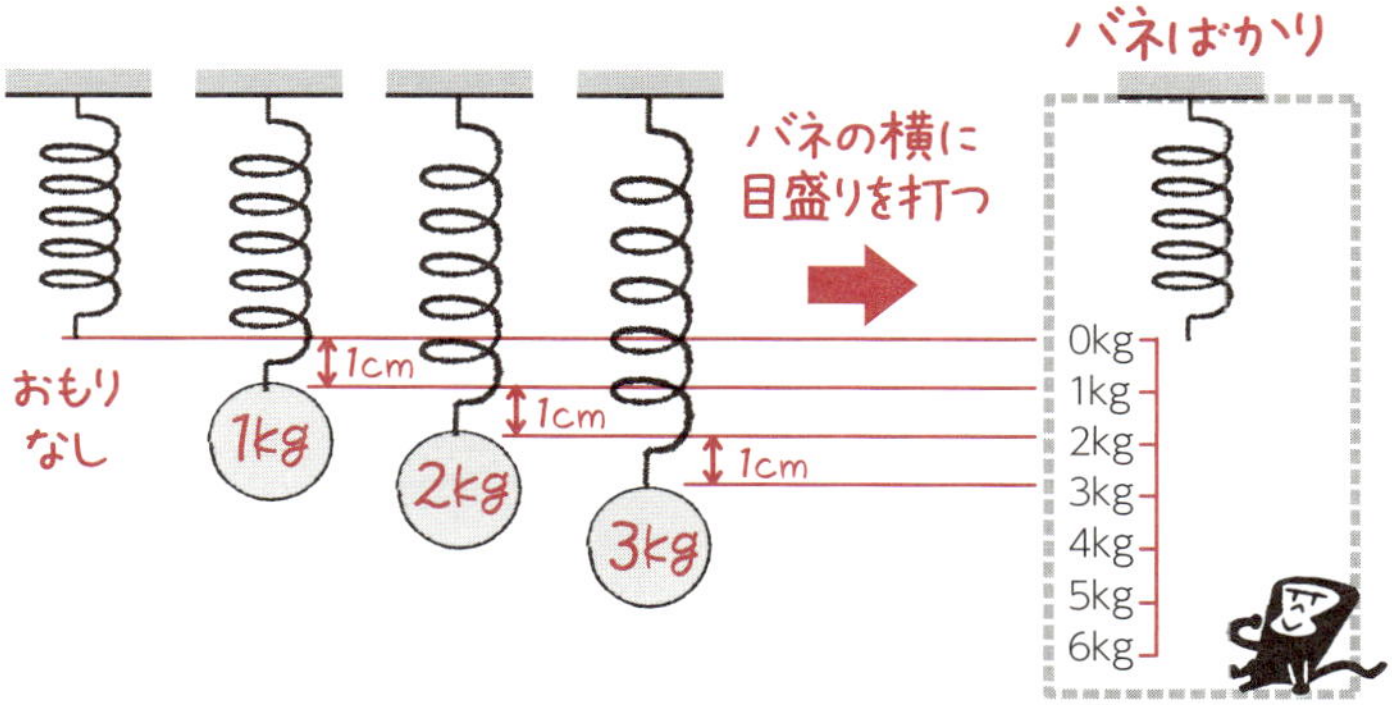

「バネの伸びとバネの力は比例関係にある」と学習するので、覚えている方も多いと思います。

例えば、1kgの重さで1cm伸びるバネがあるとすれば、2kgのおもりをぶら下げると2cm伸びる、3kgで3cm伸びる……という具合です。この性質をそのまま利用した道具が「バネばかり」です。伸びの長さに応じて重さの目盛りを打っておけば、目盛りの数値からおもりの重さを知ることができます。素晴らしいアイデアですね。

では、体重計はどうでしょうか。ここでは、上に乗ると目盛板が回転する昔ながらのアナログな体重計を想像してください。このようなしくみは、人が乗ることによってバネが伸びる動きを、歯車を用いて回転運動に変換してやればできます。目盛板が固定されていて針が回転するタイプの体重計も同様で、バネの伸びを針の回転運動に変換しています。

デジタル式にも使える「フックの法則」

しかし最近の体重計では、デジタル式のものが増えています。デジタルと聞くと、つい「ああ、電気的に処理しているから、中身がわからないな……」とスルーしてしまいがちですが、一歩だけ踏み込んでみましょう。

実はデジタル式の体重計は、バネこそ使ってはいませんが、広い意味ではフックの法則を利用しています。カギは**起歪体**《きわいたい》という、聞き慣れない小さな道具にあります。起歪体は、金属製の数センチ程度の大きさのブロックです。このブロックに力を加えると、わずかに変形します。そして、加えた力の大きさと変形の大きさが比例関係にあります。例えば10kgの力で1㎜変形する、といった具合です。バネに限らず、弾性体（変形しても元に戻る物体）に加えた力と変形量に比例関係が成り立つとき、その関係を一般にフックの法則と呼ぶわけですね。

起歪体には電気抵抗が貼り付けてあります。この電気抵抗は起歪体と一緒に変形しますが、変形量に比例して抵抗値が変化するという性質があります。そのため、この電気抵抗を「**ひずみゲージ**」と呼びます（ゲージとは「測定する道具」というような意味）。つま

ひずみゲージと起歪体で重さを測定する

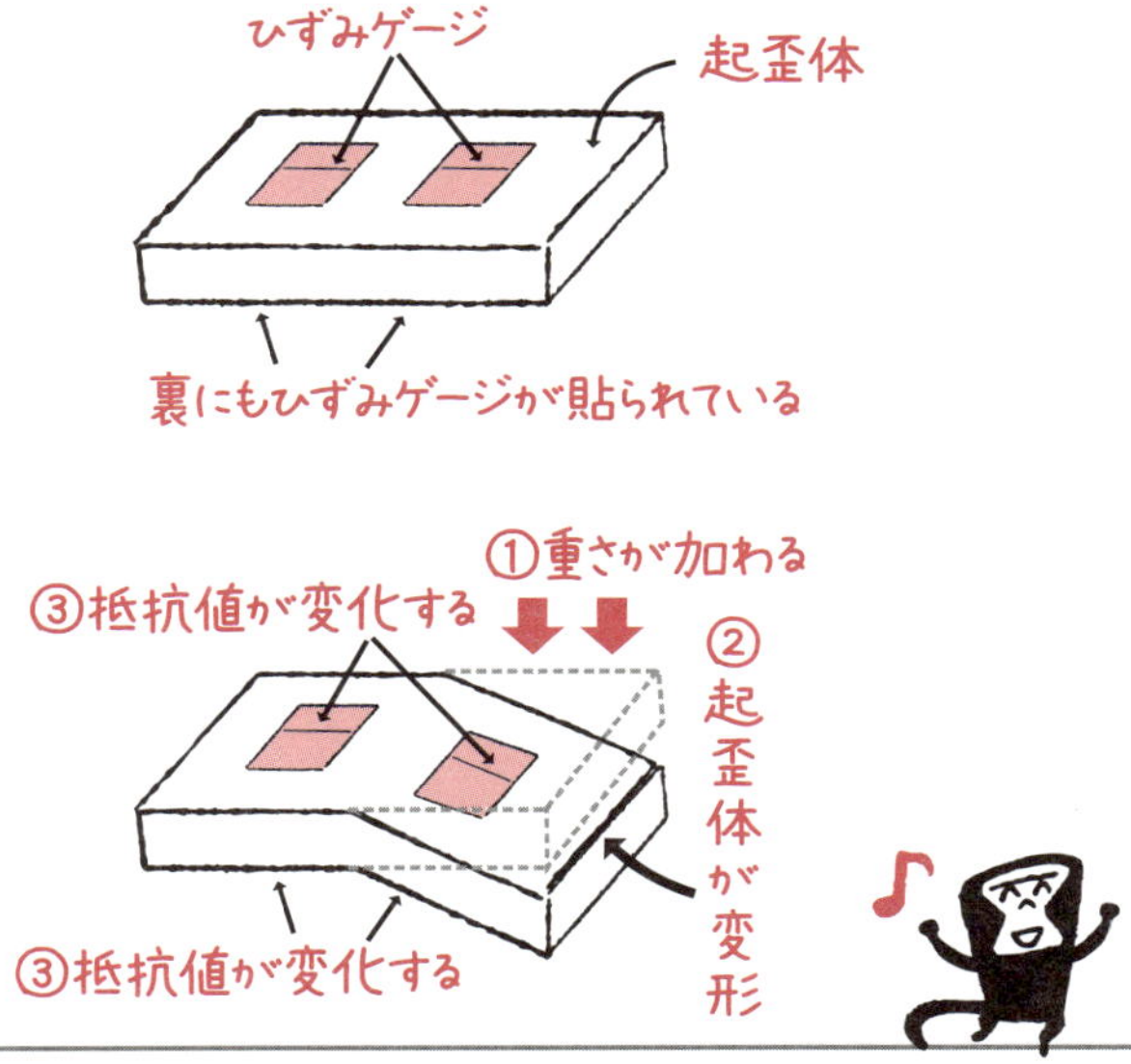

① 重さ が加わる
↓
② 起歪体が変形（重さに比例）
↓
③ ひずみゲージの抵抗値が変化する（変形量に比例）
↓
④ 出力される電圧値 が変化する（抵抗値の変化に比例）

①の重さと④の出力電圧の変化が比例している

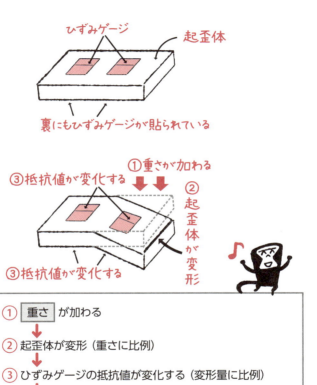

り起歪体とひずみゲージの組合せにより、上に載せた物の重さに比例して電気抵抗が変化する回路をつくることができるわけです。重さに比例して電気抵抗が変化すれば、出力される電圧値も重さに比例して変化するので、その変化値から重さを算出できる、という仕掛けです。

少々込み入った話となってしまいましたが、デジタル式といえども、重さを感知するためには、まずは「変形量」というアナログな量からスタートしているということがポイントです。その決定的な役割を最初に果たすのがフックの法則なのです。

なお、ここまでわざと黙っていましたが、フックの法則が成り立つ重さには、材質や形状によりさまざまな「限界値」があります。その限界値を超えた力を起歪体に加えてしまうと、起歪体は変形したまま元に戻らなくなったり、折れたりします。いわば、おもりが重すぎて、バネがビヨヨ～ンと伸びきったままの状態です。

もちろん、起歪体の限度を超えるほど太ることはないと思いますが、間違って重すぎる物を載せないように注意することは必要です。これも物理の知恵です。

05

慣性の法則

▼なぜ電車で急ブレーキがかかると前のめりになるのか？

慣性の法則

力のかかっていない物体は、
静止している場合は静止し続け、
動いている場合は
等速直線運動を続ける。

内容を正確には覚えていないとしても、「慣性の法則」という言葉は日常でもときどき使うと思います。例えば、電車に乗っていて急ブレーキがかかって体が前のめりになった際、「これって、慣性の法則だっけ？」と思い出したりすることもあるでしょう。その慣性の法則を改めて見直してみるために、最近の中学生が使っている教科書を見ると、次のように書かれていました。

「他の物体から力が働かない場合（または力がつり合っている場合）、静止している物体はいつまでも静止し続け、運動している物体は同じ速さで等速直線運動を続ける。これを**慣性の法則**という」

この文章を少し書き直したのが、冒頭の定義になります。

「慣性の法則」で見る日常

この法則から、いろいろな日常体験を説明できます。いくつか見てみましょう。

まず冒頭に挙げた例「電車がブレーキをかけると、乗客の体が電車の前方に倒れそうになる」から考えてみましょう。この現象を慣性の法則で解き明かすコツは、「その様子を電車の外から見る」ということ。減速する前の電車が、時速40kmで走っているとしましょう。この電車は外からは、「電車も乗客もともに時速40kmで走っている」と見えます。「えっ？　乗客が時速40km？」と腑に落ちない方は、「もしも電車がガラス張りでスケスケだったらどう見えるか」と想像してみてください。乗客だけが時速40kmでスーッとスライドしていく様子がイメージできると思います。

さて、ここで電車がブレーキをかけたとします。すると電車のスピードは遅くなります（例えば時速30kmになったとしましょう）。一方、乗客にはブレーキがかかっていないので、乗客の速さは時速40kmのままです（話を簡単にするため靴底の摩擦力はゼロとします）。これが慣性の法則からの帰結です。すなわち、「力のかかっていない物体（＝ブレーキがかかっていない乗客）は、動いている場合は等速直線運動を続ける」といえます。

ブレーキをかけたときに働く「慣性の法則」

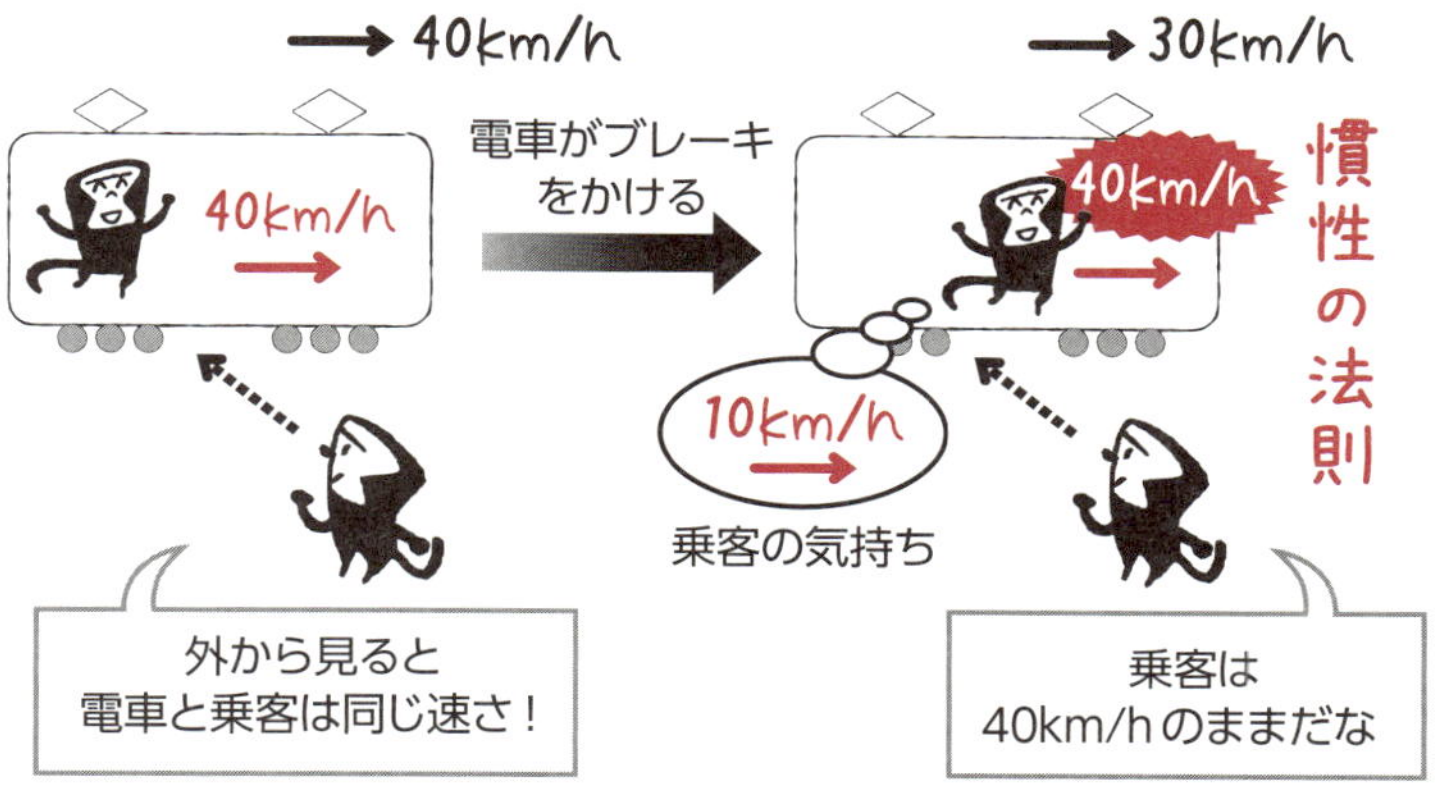

そして、このときの車内の状況を想像してみましょう。電車だけが減速して自分は減速していないので、差し引き時速10㎞で電車の前方に向かってすべって行くことがわかります。その状況をまとめたのが上の図です。

実際には床と靴底の間には摩擦力が働いて電車と同じ時速30㎞に減速しますが、上半身だけは減速せず前方にすべって行く、つまり「前のめり」になるということをご理解いただけると思います。

もう一つ、少し難しい例を考えてみましょう。いま、あなたがバスに乗っているとします。バスがカーブすると、乗客であるあなたはどう感じるでしょうか。

今回もバスの外から観察します。

遠心力も「慣性の法則」だった！

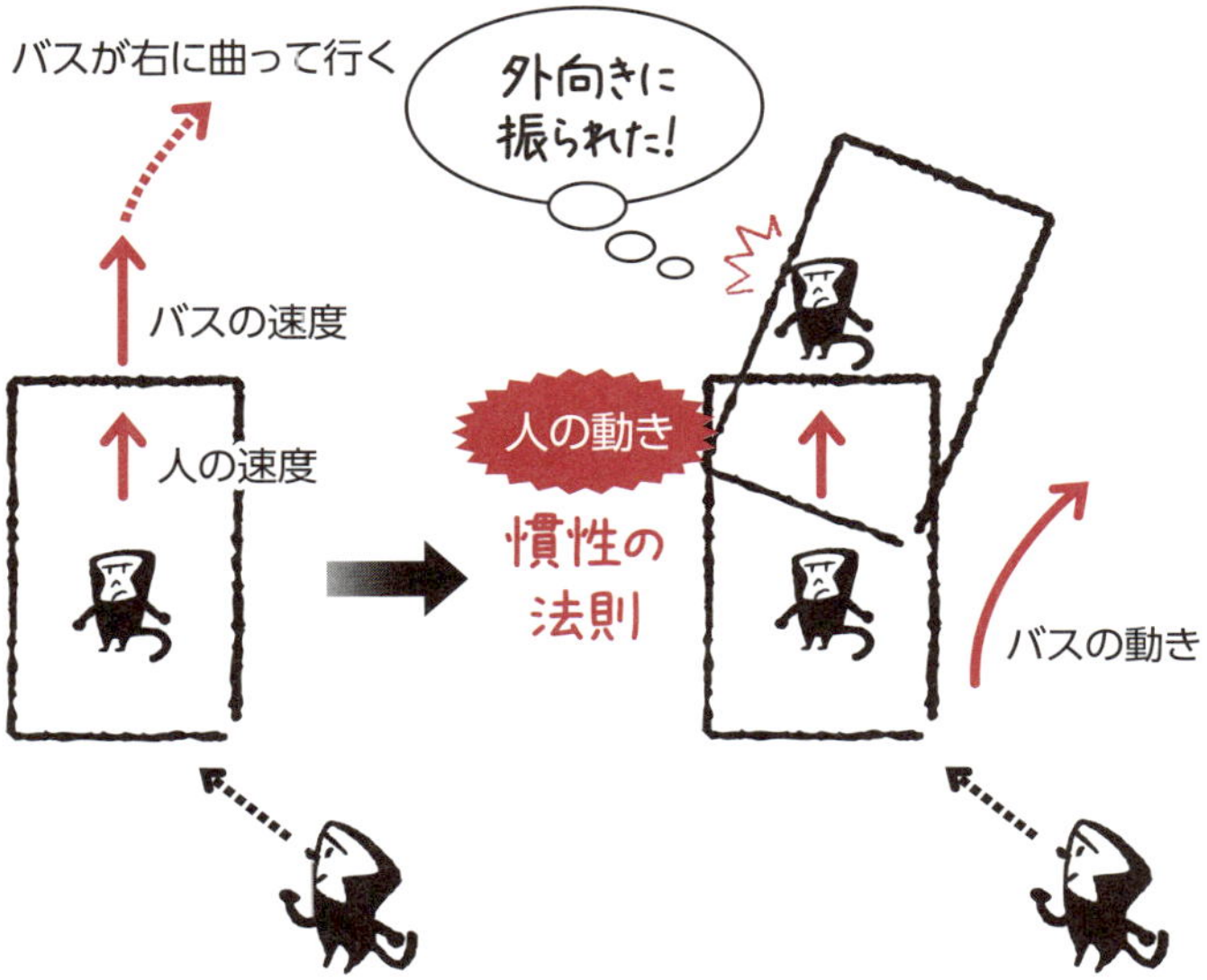

上の図のように、乗客がバスのど真ん中に立ち、カーブする前はバスも乗客も同じ速度で動いている状況からスタートします。ここでバスが右向きにカーブを始めたとすると、慣性の法則により、乗客は元の速度で前進します（靴底の摩擦力はゼロとします）。このときの車内の状況を想像してみると、乗客はバスの中央に立っていたのに、いつの間にかバスの左側の壁に押しつけられそうになっています。つまり、乗客としては「何だかカーブの外向きに押しつけられているぞ」と感じると思い

ます。これも慣性の法則なのです。

ちなみに、この「カーブの外向きに体を押しつけるような働き」のことを、「**遠心力**」と呼びます。ここではこれ以上深入りしませんが、カーブするバスやメリーゴーランドのように、自分の足元が回転運動をしているときに感じる力*です。この力も、元をたどると慣性の法則に行き着くというのが何とも面白いですね。

慣性系とニュートン力学

慣性の法則が成り立つような観測者の立場のことを「**慣性系**」と呼びます。例えば地球上で静止している観測者は、近似的に慣性系とみなせます。ただし、地球の自転が問題になるような場合は慣性系とみなせない場合もあります。すなわち、何の力もかけていない物体が、等速直線運動ではなくて曲がっていく運動をしたりします（第5章1節）。

なお、この慣性の法則は、「**ニュートン力学**」という力学体系が成り立つための大前提となっていて、別名を「**運動の第1法則**」といいます。この他に運動の第2法則、運動の第3法則を合わせた理論体系がニュートン力学です。普通の大きさの物体**の運動をほぼ完璧に書き表わせるのが、ニュートン力学の特徴なのです。

＊厳密にはこの状況では、乗客はバスの外側に対して少し左向きにそれていきます。この効果を「コリオリ力」といいます（186ページ）。
＊＊「普通の大きさ」とは、原子ほど小さくない物体、例えばボーリングの球、自動車、人工衛星、惑星などのことを指します。

06

熱運動と熱膨張率

▼きつく締まったガラス瓶のふたを開ける知恵

熱運動と熱膨張率

物体の原子・分子は温度に応じてランダムな運動（熱運動）をしている。
温度が上がると熱運動が激しくなるため、一般に物体の体積は大きくなる。

身の周りの物は、温めると膨らみます。すぐ思いつくのは「空気」でしょうか。例えば、密封された袋を夏の車内に放置しておくと、パンパンに膨らみます。熱気球はこれと同じ原理で、バーナーで温めた空気によって気球を膨らませています。しかし改めて考えてみると、なぜ物は温まると膨らむのでしょうか。

熱運動の激しさは温度の指標

これはどんな物質にもある「**熱運動**」という運動に原因があります。例えば空気などの気体は、原子・分子が自由に飛び回っていますが、その飛び回る速さ（正確には「運動エネルギー」）は温度によって違っていて、「温度が高いほど、飛び回る速さが大きくなる」という性質があります。このように、温度が上がるにつれて激しくなるランダムな運動のことを「熱運動」といいます。ですから、空気を閉じ込めた袋は温度が上がるほど熱運動が激しくなるために膨らむ、と理解できると思います。

この熱運動の性質は、気体だけでなく液体や固体に対しても当てはまります。固体は気体と違って物体の形がはっきり決まっているので原子は自由に飛び回っておらず、ある程度整列した位置を中心に振動しています。その振動の速さが、やはり温度とともに上がっていくのです。ですから、温度が上がると原子間の距離がやや広がる、すなわち固体全体として少し膨張する、とイメージできると思います。

熱膨張率は物質によって違う

温度が上がったときにどのくらい体積が増えるか、これを「**熱膨張率**」といいます。熱膨張率は物質ごとにかなり違います。原子の整列具合などで決まっていて、例えばガラスと鉄では、鉄のほうが熱膨張率が高くなっています。このことをうまく利用すると、ガラス瓶の鉄のふたがきつくて取れない場合も簡単に解決できます。ガラス瓶全体を温めると、ガラス瓶よりも鉄のふたのほうが大きく膨張するので、力任せではなくふたを取ることが

温度による気体・液体・固体の熱運動の違い

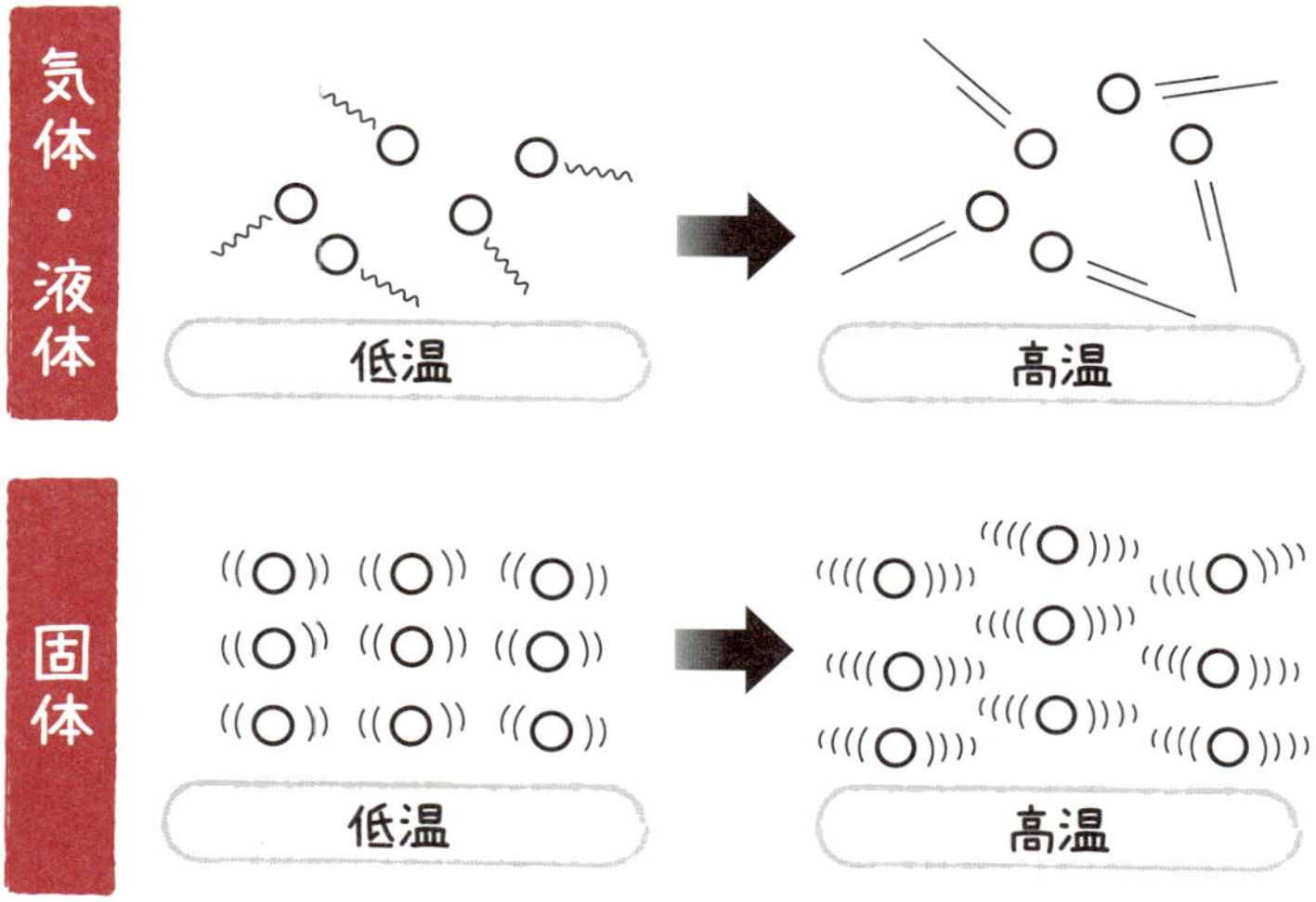

できるのです。まさに主婦の知恵ですね。

似たようなことで、熱いお湯で小鉢のような食器を洗って（例えば食器洗浄機を使った場合など）、熱いうちに重ねると、冷めたときに小鉢が離れにくくなってしまう現象があります。これは、冷めることによって小鉢が収縮するために起こるのです。

熱膨張をうまく利用した例としては、水銀やアルコールを用いた温度計が挙げられます。水銀やアルコールが温度上昇に伴って膨張すると、液溜めから細い管を伝《つた》って上がっていきます。何℃のときにどのくらい膨張するかは、熱膨張率に基づいて計算できるので、水は0℃～4℃では温度が上がっても体積が減る？

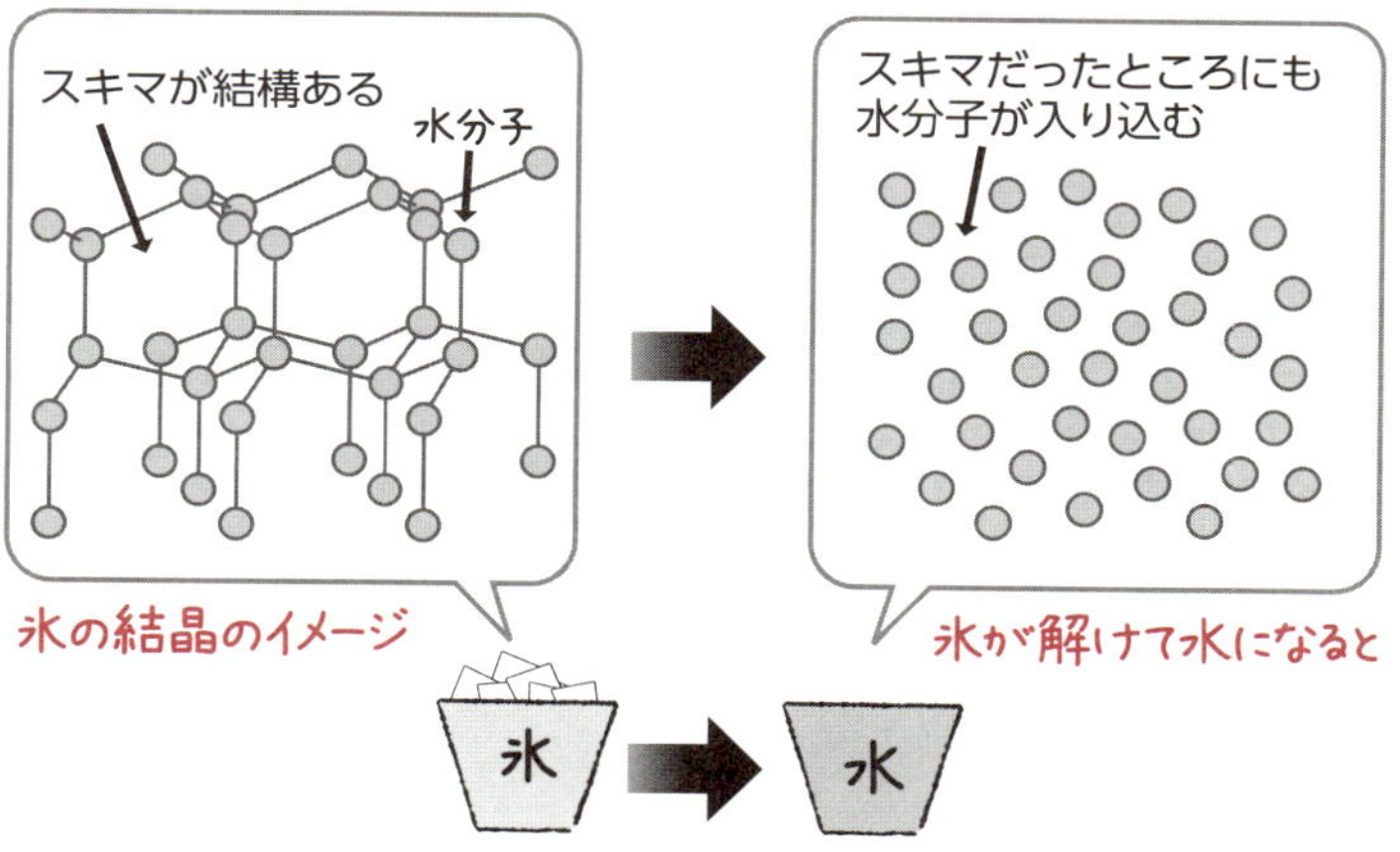
スキマが結構ある
水分子
スキマだったところにも
水分子が入り込む
氷の結晶のイメージ
氷が解けて水になると
氷
水

管に目盛りをつけておくことができるというわけです。

熱膨張率がマイナスの例も

このように「温度が上がるほど体積が大きくなる」と述べてきましたが、実は逆の現象を起こすものもあります。その代表例が水です。

水は0℃から4℃にかけては、温度が上がるほど収縮するのです（4℃を越えると、温度が上がるほど膨張します）。これは氷のときの結晶構造に原因があります。氷は水分子（H_2O）が整列してできていますが、その整列の仕方（結晶構造）を見ると、かなりスキマが大きいことがわかります。

ですから温度が0℃を越えて液体になる（すなわち結晶構造が崩れる）過程で、水分子がスキマにも入っていくため、少し体積が小さくなるのです。もちろん、温度が上がることにより熱運動が激しくなり、体積が大きくなる効果もありますが、4℃以下では体積が小さくなる効果のほうが少し勝っている*ということです。私たちの知らないところで、物理法則にしたがって分子どうしが必死のせめぎ合いをしている姿が思い浮かびます。

このような「温度が上がるほど収縮する」という性質を持つ物質は、人工的にもつくり出されています。鉄などの複数の金属酸化物を特殊な方法で合成してつくられます。一般的な物質（温度が上がるほど膨張する）と組み合わせることで、全体としての熱膨張をできるだけ抑える、といった目的で利用されています。温度変化によって膨張・収縮を何度も繰り返すと機械は壊れてしまうので、長持ちさせるためには、このような工夫も必要になってくるのです。

＊水は4℃より温度が下がると体積が増えるので、寒い時期の池は上のほうに冷たい水が浮かびます。池の底ではなく、表面から氷が張るのはこういう理由です。

07

パスカルの原理

ブレーキにも利用される大きな力

パスカルの原理

密閉された非圧縮流体の
どこかの圧力を高めると、
流体内のすべての点の圧力が
同じだけ高まる。

「クルマは急に止まれない」といいますが、あんなに重い物体が（軽自動車でも1トン近くあります）時速50㎞などで走っているのですから、無理もありません。しかし、ブレーキを踏むと10秒もあれば安全に停止することができます。よく考えてみると、ブレーキを踏む人間の足の力程度では、あの重い自動車を10秒で止められないはずです。ということは、何らかのしくみを利用して人の力を増幅しているに違いありません。では、それは何なのでしょうか。

力を増幅する装置といえば、「てこの原理」がありました。しかし、クルマを人力で止めるには、それだけでは不十分です。そこで、普通の乗用車には「油圧式ブレ

まずは「圧力」の理解から

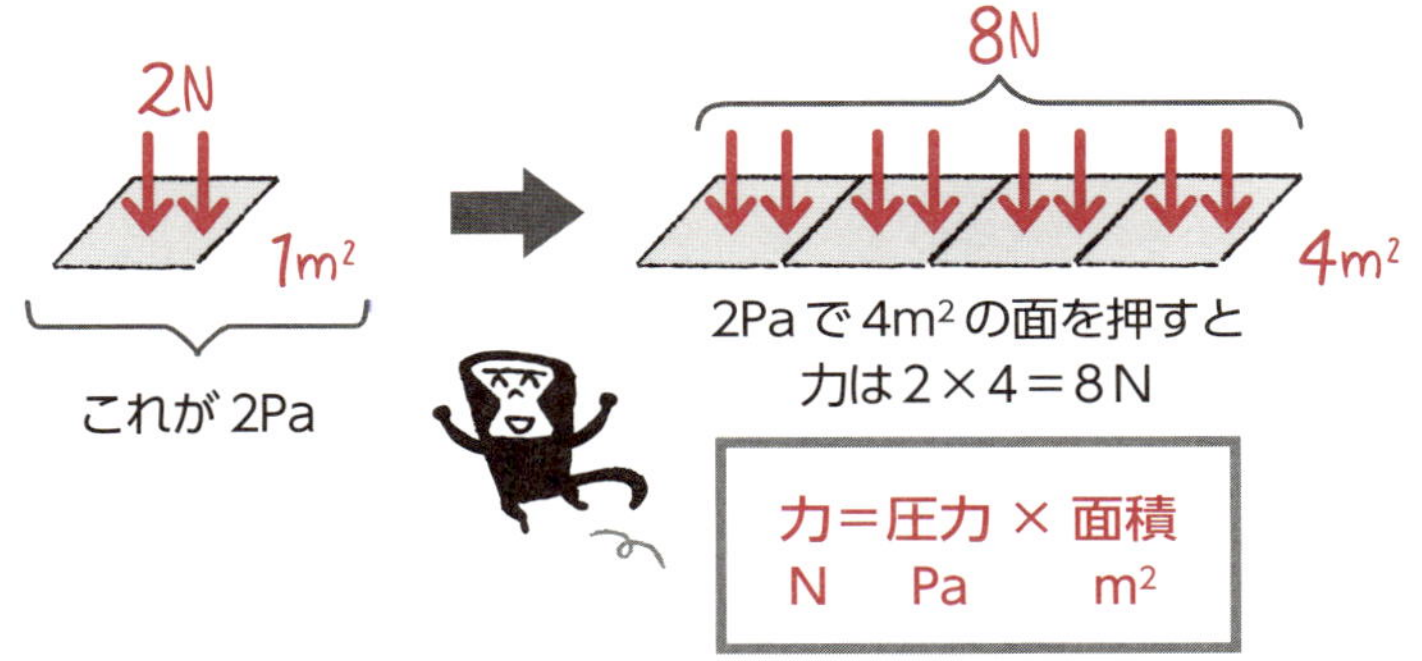

ーキ」というものが使われています。これはてこの原理とはまったく異なる、「**パスカルの原理**」と呼ばれるしくみを利用して力を増幅させているのです。

そもそも圧力とは何か？

まず、パスカルの原理に登場する「**圧力**」とは何でしょうか。圧力は「単位面積あたりにかかる力」という意味です。1m²あたりの力、つまりN／m²をPa《パスカル》という単位で表わします（「N《ニュートン》」*は力の単位）。例えば、1m²を2Nの力で押している場合、圧力は2Paです。

では、例題です。「2Paの圧力で4m²の面を押す場合、トータルの力はどれくらい必要でしょうか？」。答えは、4m²の面を2Paの圧力で押すためには、2×4＝8Nとなりま

＊ 1kg の重さに相当する力はおよそ 9.8N です。この 9.8 は、第 2 章 1 節に登場する重力加速度の数値から来ています。

一端に与えられた圧力はどの部分にも伝わる

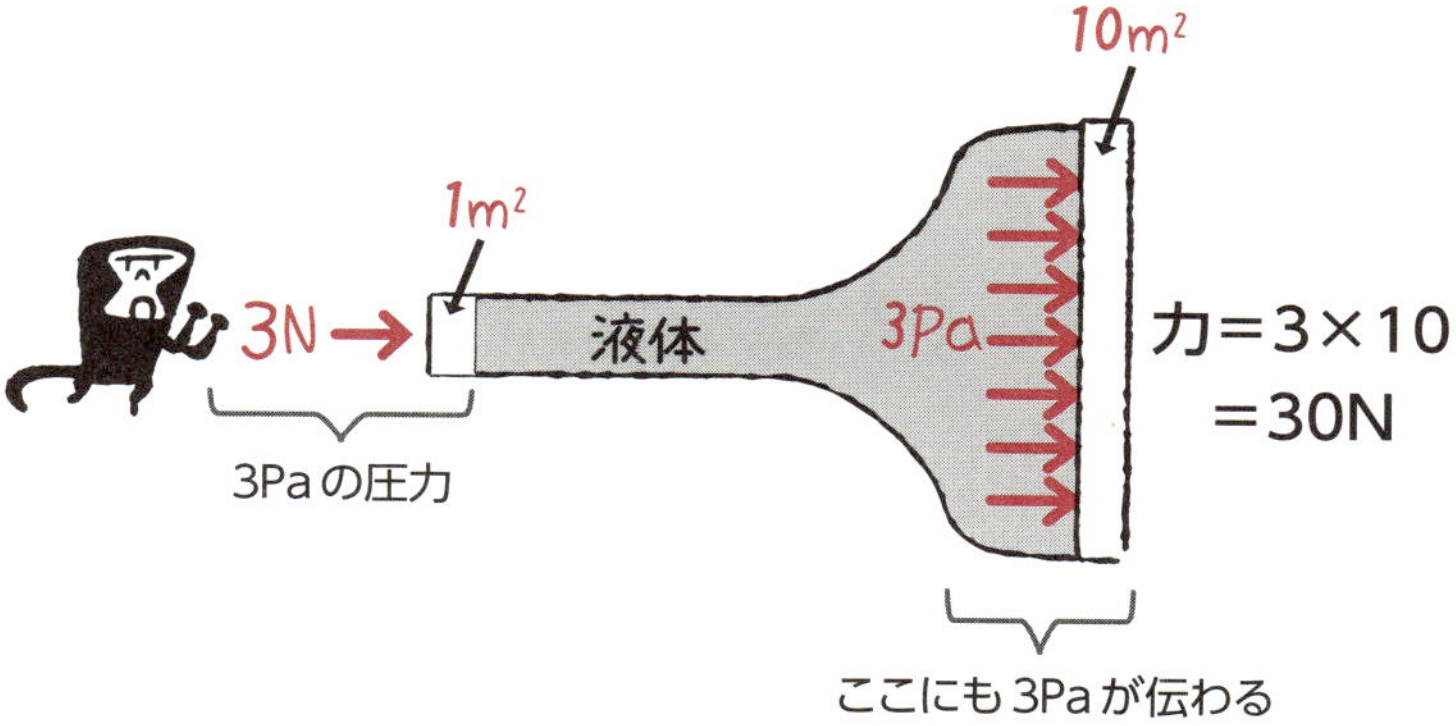

す。前ページの図に示すように、「力＝圧力×面積」という関係が成り立つのがおわかりいただけるかと思います。

圧力が伝わると力が増幅できる理由

さて、「力を増幅する」というパスカルの原理とは、以下のようなことを表わします。非圧縮流体（圧縮できない流体のこと。例えば、油や水など）を漏れないように容器に密閉します。いま、その密閉された流体の一端に力を加えます。例えば圧力を３Paだけ高めたとすると、流体内のすべての点で（つまり、どの部分でも）圧力が３Paだけ高まる、ということです。

では、なぜこのパスカルの原理で力を増幅できるのでしょうか。ここで先ほどの「圧力と力の関係」を思い出しましょう。３Paというのは「１m^2あたり３Nの力」ということでした。ですから、押す面積が大きくなると、力も大きくなります。例えば流体の一端のピストン（ふた）の面積を１m^2、他端のピストンの面積を10m^2とすると、１m^2のピストンを３Nの力（＝３Paの圧力）で押したとき、他端のピストンにもその３Paが伝わり、面積が10m^2ですから力は30Nとなる、というわけです。

つまり自動車のブレーキならば、ブレーキペダル側に面積の小さなピストンを、タイヤ側に面積の大きなピストンを配置すれば、ブレーキペダルを踏む力を何倍にも増幅した形でタイヤに伝えることができるということです。この方式のブレーキを、油の圧力を用いているので「油圧式ブレーキ」と呼びます。

なぜ圧力が均一に伝わるのか

もう一つ疑問があります。なぜ、密閉された非圧縮流体の中では圧力が均一に伝わるのでしょうか。それが不思議です。少し難しいかもしれませんが、一緒に考えてみましょう。

流体の一端のピストンを強く押したとします。するとピストンにあたる流体の分子が強く押し戻され、分子の速度が上がります。流体の中には分子がギッシリ詰まっているので、分子どうしがどんどん衝突し合って、すべての分子の速度が同じくらいに上昇します。

分子1個が衝突するときにピストンに与える力は、速さによって決まっています。これはドアをノックするようなものだと思ってください。1回のノックでドアに与える力は、こぶしのスピードで決まるということです。ですから、ピストンの面積が広ければ広いほど衝突する分子の個数が多くなって、トータルでピストンに及ぼす力が大きくなるというわけです。

ふだん何気なく踏んでいるブレーキですが、足下で油の分子がドドドッと衝突してタイヤに力を伝えている……というところを想像すると何とも不思議な感じがしますし、物理の力の偉大さもちょっぴり感じられますね。

ブレーキに限らず、ショベルカーのアーム、飛行機の操舵など、大きな力を必要とする場面ではパスカルの原理が利用されているので、「もしかして、アレもパスカルの原理かも？」と想像しながら周囲を観察してみると、関係を理解できて面白いはずです。

08

アルキメデスの原理

▼鉄でできた船が水に浮かぶ秘密

アルキメデスの原理

流体中の物体には、
その物体が押しのけた流体の重さと
同じ大きさの浮力が上向きにかかる。

プールや海などの水中では体が浮きます。「そりゃあ、『浮力』がかかるからだろう」と気軽に思いますが、タンカーのような巨大な鉄の塊も、浮力で浮かんでいるのでしょうか。そもそも浮力って何なのでしょう。海の水は、地面のように形がしっかりと決まっていないのに、体や船を下から支えてくれる——考えてみると不思議な気がしませんか。

水圧のしくみ

まず前提知識として、水圧のしくみを理解しましょう。水中に沈んだ物体には、周囲から水分子がどんどん衝突します。この衝突によって物体に及ぼさ

水中の物体には、四方八方から力が押し寄せる

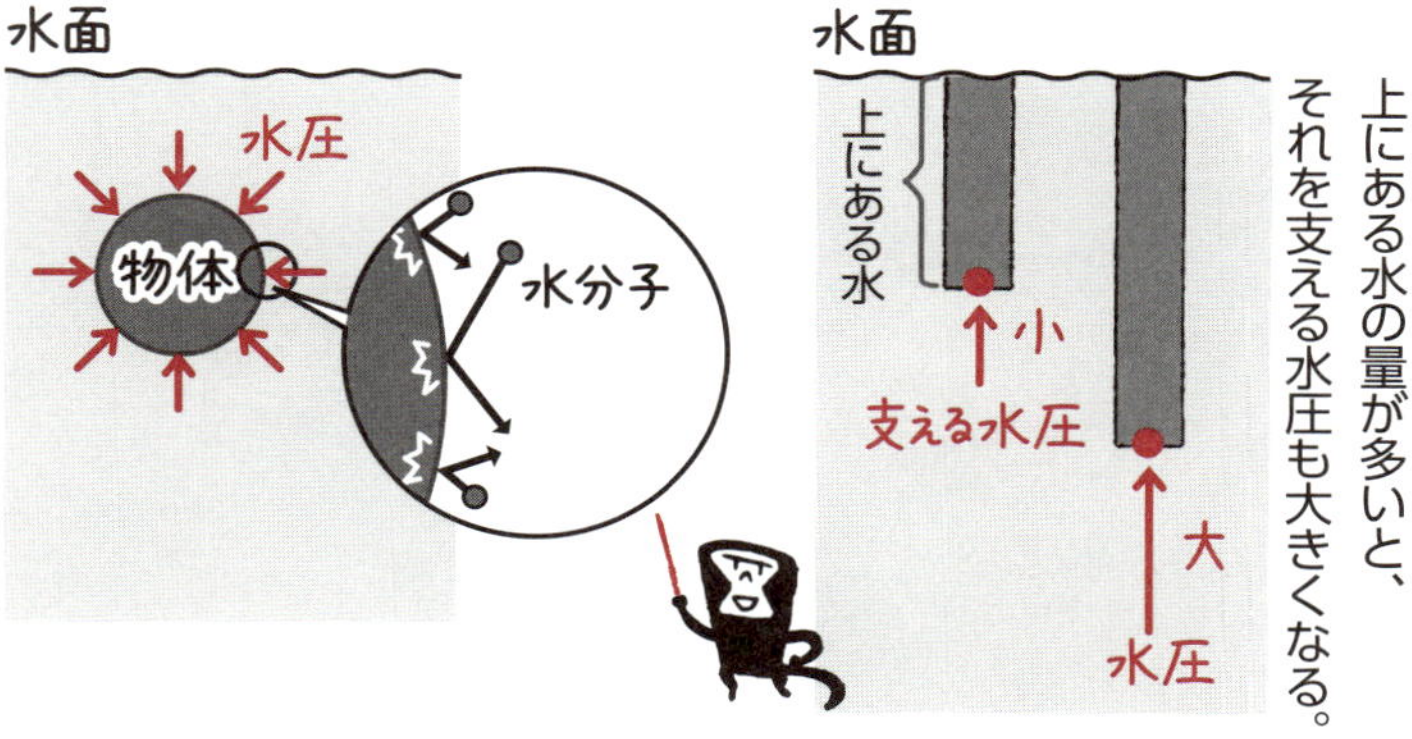

れる力が水圧です。もちろん一つひとつの水分子では弱い力にしかなりませんが、非常に多数が物体に衝突するので、それなりの大きさの水圧になるわけです。ここで大切なことは、**水圧**とは物体に四方八方からかかる力である、ということです。

また、水圧は深い所ほど大きくなる性質があります。なぜかというと、「ある点の水圧の大きさは、その点の上にある水を支えるのに必要な圧力である」という事実によります。上図を見ていただくと理解しやすいと思いますが、深い所ほど「上にある水」の量が増えるので、その水を支えるために大きな力が必要になる。すなわち、深い所ほど水圧が大きくなるというわけです。

アルキメデスの原理を理解しよう！

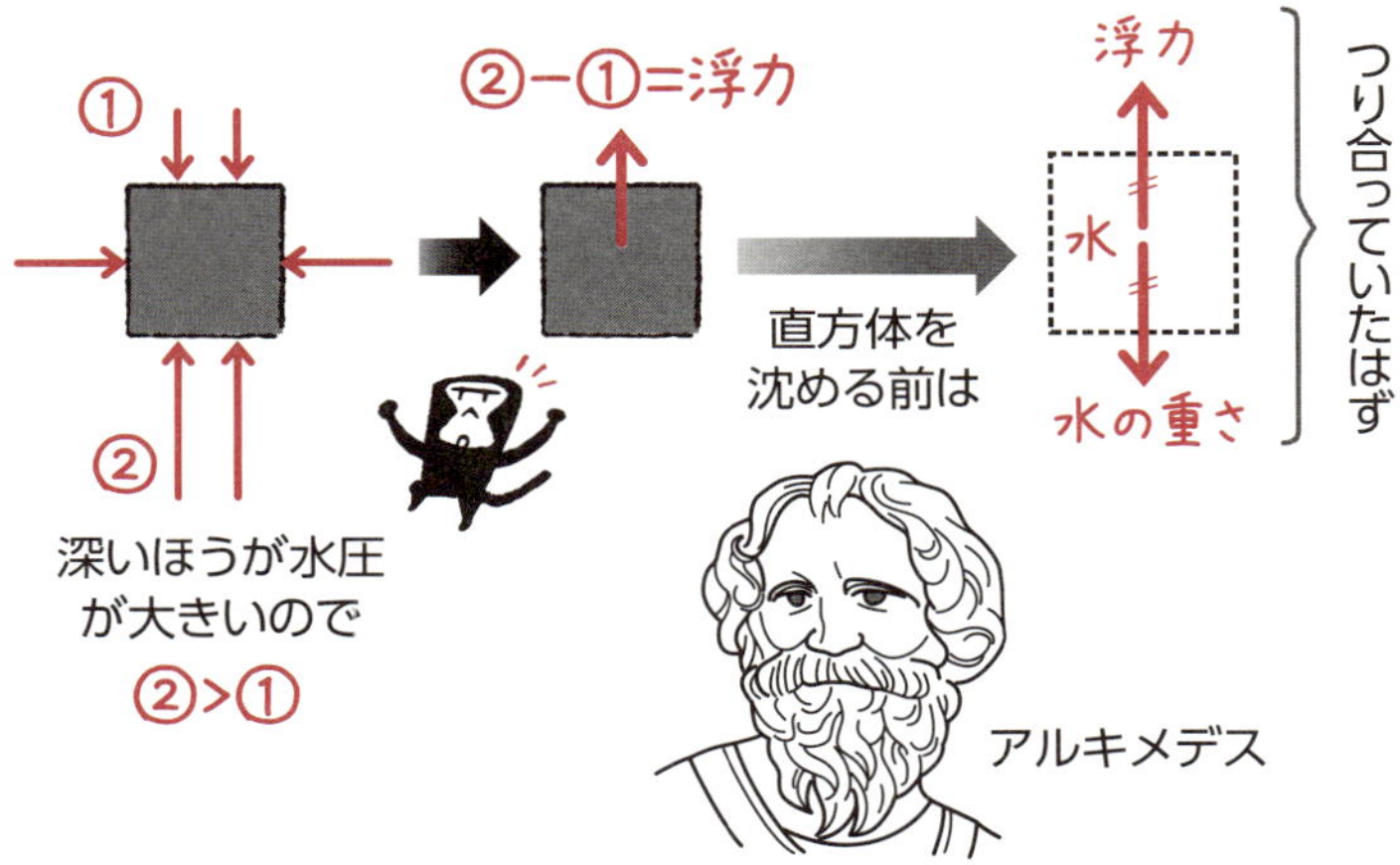

浮力のしくみ

さて、いよいよ浮力のメカニズムです。上図のように、直方体が水中に沈んでいるところを想像しましょう。直方体には四方八方から水圧がかかります。つまり直方体は上下左右、あらゆる向きに押されます。しかし、深い所の水圧②のほうが大きいので、トータルでは上向きの力が少し残ることがわかります。この「残った上向きの力」が「**浮力**」なのです。

さらにその浮力の大きさは、次のように考えることができます。この直方体が水に沈む前のことを想像すると、直方体の場所には水が充満していました。その水は、直方体と同じ大きさの浮力を受けてその場にとどまっていました。つまり、この水の重さと浮力の大きさは等しい（つり合っている）といえます。これが「**アルキメデスの原理**」の意味です。「直方体が押しのけた水の重さと、直方体が受ける浮力の大きさは等しい」わけです。

なお、アルキメデスの原理が成り立つ「流体」とは、水のような液体だけでなく、空気のような気体も含めます。空気はとても軽く、1㎤で1・3㎎（1㎎は$\frac{1}{1000}$g）程度しかありませんが、これで何かが浮くのでしょうか？　例えば膨らませた風船（半径20㎝とすれば体積は$4\pi \div 3 \times (20)^3 = 33000$㎤程度）にかかる浮力は、

1.3mg × 33000 ＝ 42900mg ≒ 42.9g

ぐらいだと計算できます。風船のゴムぐらいなら浮かびそうですね。

タンカーが水に浮かぶかどうかを試算

さて、この原理で本当に人もタンカーも浮かぶのでしょうか。面倒かもしれませんが、ざっと計算してみましょう。概算で結構です。

例えば、体重60kg・身長170㎝の人で考えます。体型をおおざっぱに「直方体」（計算がラクなので）とみなし、高さ170㎝・幅40㎝（肩幅ぐらい）・奥行き10㎝（お腹か

ら背中までの厚み）としましょう。

すると、この人が水に沈むことによって押しのける水の体積は、次のようになります。

170×40×10＝68000㎤

1㎤の水の重さは1gですから、68000㎤なら浮力の大きさは68000g、すなわち68kgです。こんなおおざっぱな計算でも、体重とだいたい同じ大きさの浮力が出てきました。人が水に入ると浮かぶのは、浮力のおかげだということを納得していただけると思います。

では、タンカーはどうでしょうか。出光タンカーによれば、30万トンクラスのタンカーは、およそ全長330m、幅60m、水中に沈む深さ20mくらいのサイズだそうです。すなわち、このタンカーが押しのける水の体積は、次のようになります。

330×60×20=396000㎤

1㎤の水の重さは1トン*ですので、浮力の大きさは39万6000トンとなりますね。ちょうど30万トン程度のタンカーを浮かべるのに必要な浮力の大きさだといえます。

このように、小さなスケールから大きなスケールまで同じ原理が成り立つというのが、物理の醍醐味かもしれません。

＊ $1m^3$ は1000Lです。1Lの水の質量はちょうど1kgですので、1000Lだと1000kg、すなわち1トンになります。ちなみに海水は真水より数％ほど重いのですが、概算なので気にしないことにします。

PART 2

モノの動きから「物理」を理解しよう！

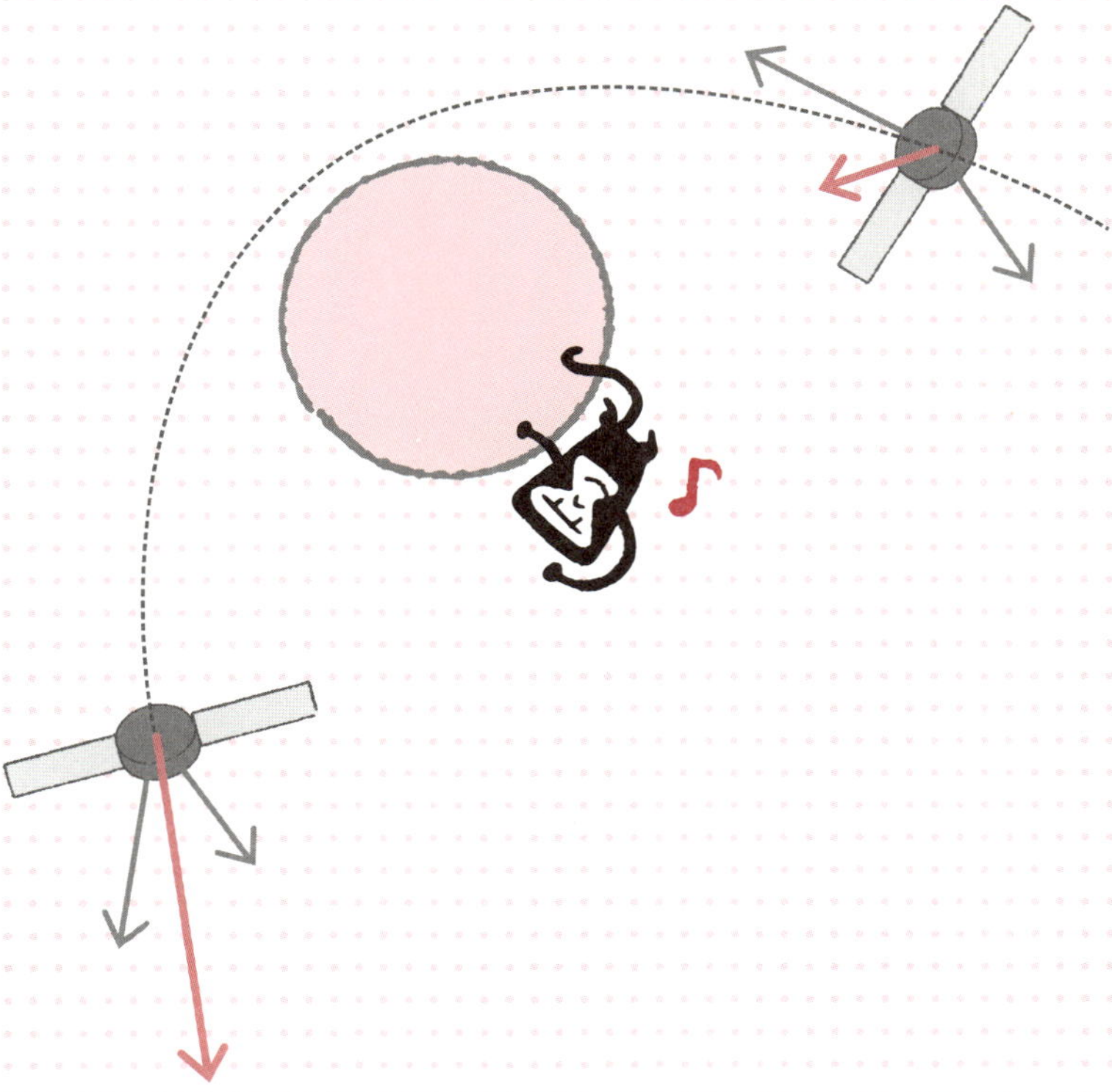

01

落体の法則

▼重い物体と軽い物体、同時に落としたらどうなる?

落体の法則

空気抵抗が無視できる場合、
落下する物体は一定の割合で加速し、
その加速度は物体の質量によらない。

重い物体と軽い物体を同時に落としたら、どちらが先に地面に着くのか。子供の頃に、一度は考えたことのある疑問ではないでしょうか。直感的には「重い物体のほうが大きな重力を受けている。だから先に地面に達する」という気もしますが、学校では「同時に落ちる」と習いました。それで間違いないのでしょうが、「どうして?」と考えると、いま一つ腑に落ちませんよね。実際のところはどうなのでしょうか。

ガリレオ・ガリレイの思考実験

この問題、実際に実験してみようとすると、いろいろと困ります。例えば、「パチンコ玉とティッシュペーパーを同時に落としたら？」と考えると、明らかにティッシュのほうがヒラヒラと舞って遅く落下します。これは空気抵抗によるものとわかっているので、「空気抵抗のない状態」で実験をする必要があります。ただ、そんな場所をつくるのは難しく、せめて空気抵抗の影響を小さくできる条件ということで、異なる材質で同じ大きさ・形状を持つ二つの球をつくればよいと考えつきます。あまり軽すぎると空気抵抗の影響が大きくなるので、ある程度は重い球である必要がありますが、重いものを高い所から落とすとなると大変危険です。

そんな大変さを嫌ったためかどうかはわかりませんが、この問題に思わぬ方向から取り組んだ人物がいます。それが、かのガリレオ・ガリレイです。ガリレイは、著書『新科学対話』の中で、自らの代弁者であるサルヴィヤチという登場人物に、次のような論証を述べさせています。

①軽い石Aと重い石Bを別々に落とす場合、重い石Bのほうが速く落ちると仮定しよう。
②今度は軽い石Aと重い石Bを糸でつないで落としてみよう。すると、①の仮定から重い石Bのほうが先に落ちることになるが、重い石Bは糸に上向きに引っ張られるので、①のときよりは遅く落ちる。
③ところで「糸でつながれた二つの石AB」は、単独の「重い石B」よりもさらに重い。

思考実験の方法

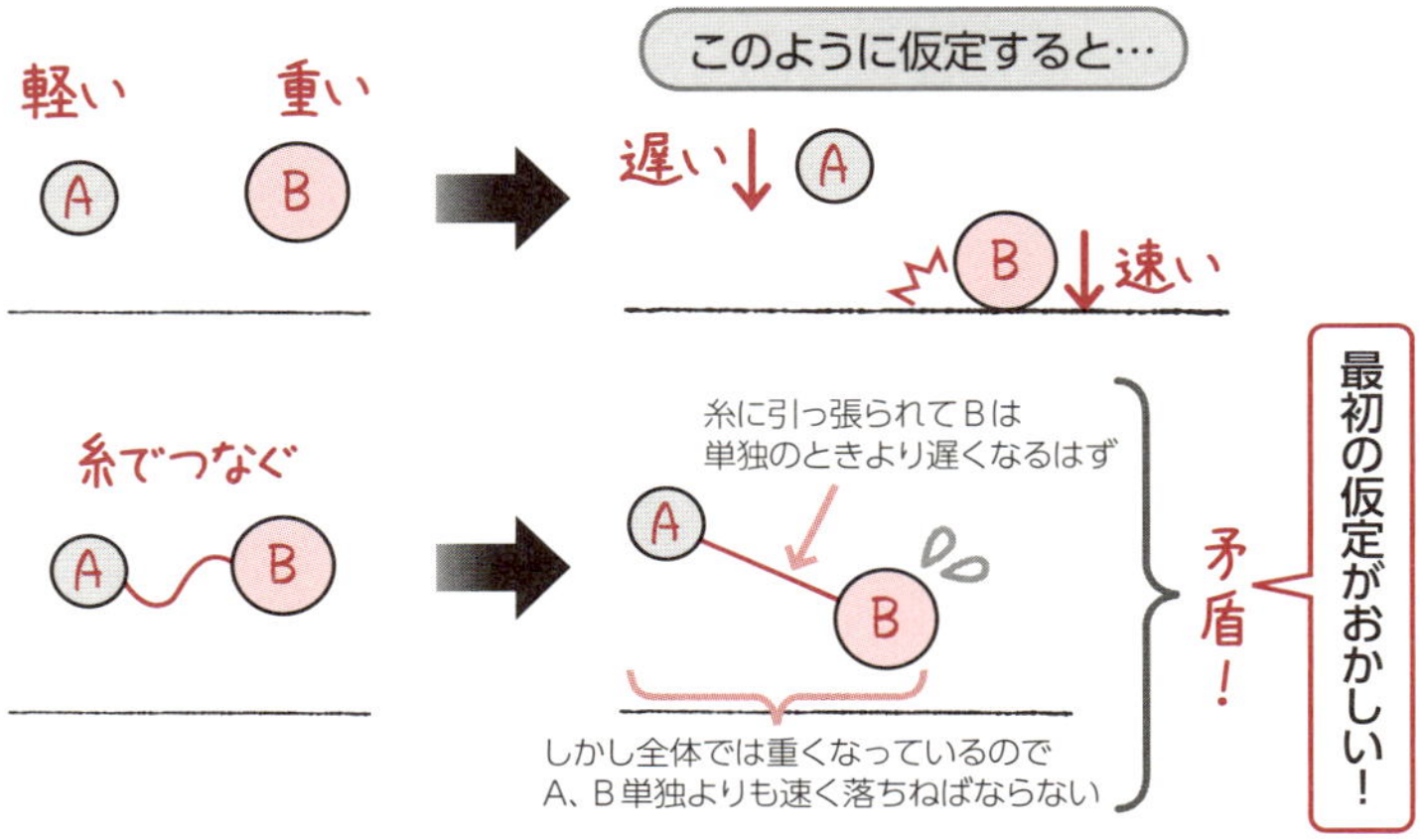

すると仮定①より、ABのほうがBより速く落ちねばならないのに、②はその逆の結果を意味している。

④このように、「重いもののほうが速く落ちる」と仮定した結果、「重いもののほうが遅く落ちる」という仮定と矛盾した結論が得られたので、当初の仮定は間違っている。

もちろん、軽いものが先に落ちると仮定しても同様な矛盾が出てきてしまうので、結局「重いものも軽いものも同時に落ちる」と結論づけるしかありません。

このように、実際に実験を行なわずに、論理的に実験の結論を見出すことを「**思考実験**」と呼びます。落下実験のように、

落下速度は時間とともに一定の加速度で増していく

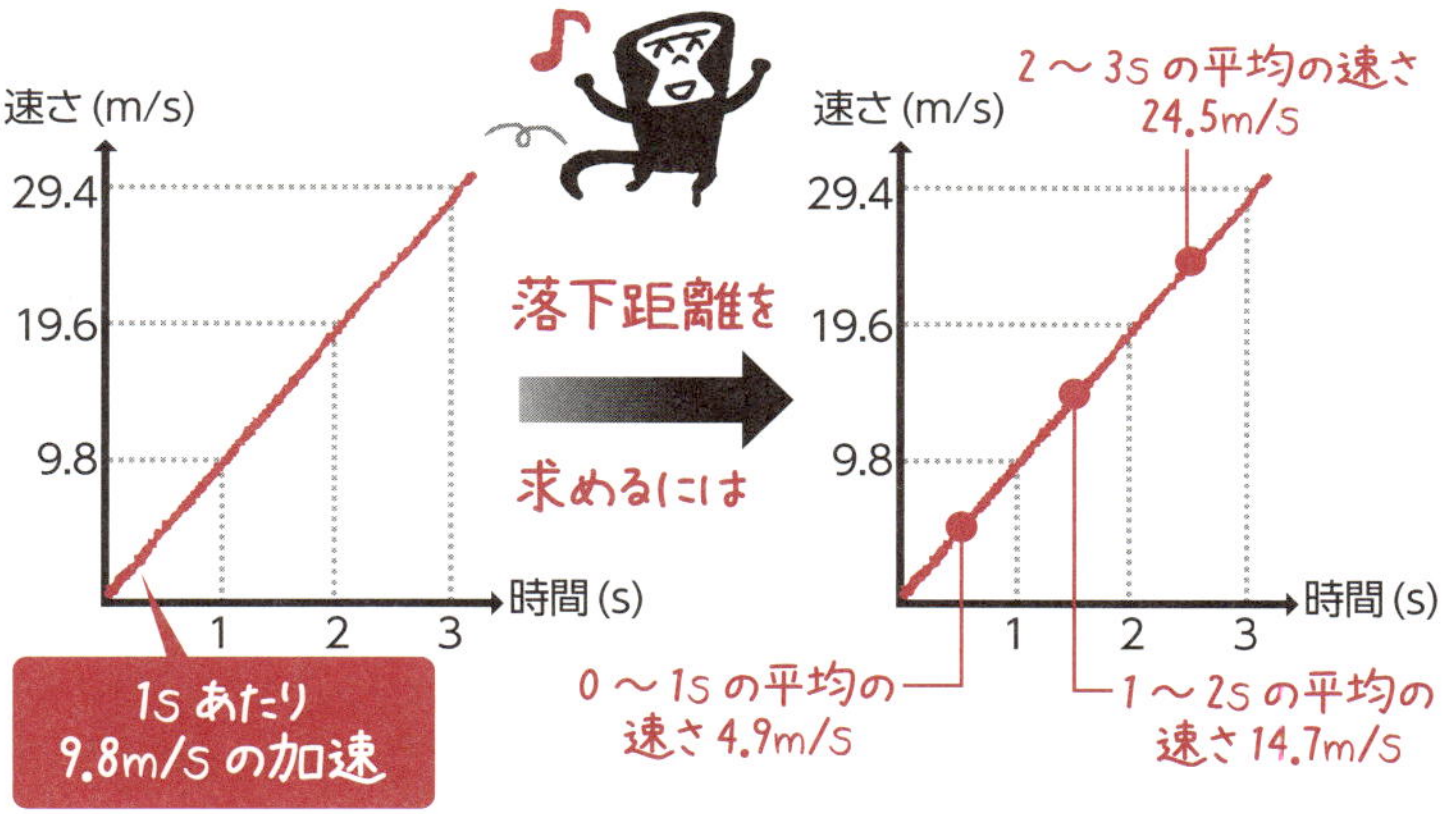

実際に行なうのが難しい場合、思考実験によって本質を見出すのは有効な方法だといえるでしょう。

実際には加速度が決まっている

さて、実際に物体を落とすと、どんな速さになるのでしょうか。最初は遅くてどんどん速くなる（加速する）ことは、経験的に知っています。その加速の度合い（**加速度**）は現代では測定されていて、「1秒あたりおよそ9・8m／sずつ速くなる*」とわかっています。つまり最初に速さゼロで石を手放したとすると、1秒後には9・8m／s、2秒後には19・6m／s、3秒後には29・4m／sの速さになるということです。上図のよ

＊この「1秒あたり 9.8m ずつ速くなる（$9.8m/s^2$）」という加速度のことを「**重力加速度**」と呼びます。物体が地球の重力に引かれるために生じる加速度だからです。

うなグラフで表わすとイメージしやすいかもしれません。

少し工夫すれば落下距離も求めることができます。「平均の速さ」を利用するのです。最初の1秒間の平均の速さは4・9m／sですから、この1秒で4・9mだけ落下します。次の1秒間（1〜2秒の間）の平均の速さは14・7m／s、その次の1秒間（2〜3秒の間）の平均の速さは24・5m／s……のようになりますから、例えば3秒間では、

4.9 + 14.7 + 24.5 = 44.1（m）

だけ落下すると計算できます。44・1mというと、10数階建てのビルぐらいの高さでしょうか。それをわずか3秒で落ちてしまうわけです。

ちなみに「ガリレイはピサの斜塔から大小の球を落下させて、同時に地面に落ちることを示した」というエピソードは後世の創作とする説もありますが、もし実際にこの実験を行なうとどうなるか……。ピサの斜塔は55mぐらいの高さですから、先ほどと同じような方法で計算すると、およそ3・4秒で落下します。わずか3・4秒で終わる現象ですから、仮に大小の球の落下速度に少しのずれがあったとして、それをちゃんと示せたのか、あるいは仮に着地のタイミングがぴったり同じだったとしても、最初にちゃんと同時に手を離したことを示せたのか、と考えると、個人的には「少し気になるなぁ」と思ってしまいます。読者の皆様はいかがですか？

02

運動の法則

▼身の周りの運動を理解する第2法則

運動の法則

物体に力がかかっているとき、
力と同じ向きに加速度が生じる。
加速度の大きさ a、物体の質量 m、
かかっている力の大きさ F の間には
$ma = F$ の関係が成り立つ。
この式を「運動方程式」という。

床の上に置かれた荷物（例えばスーツケースなど）は、力を加えて引っ張っている間だけ動き、力をゆるめると止まります。ですから「力を加えているときだけ物体は動くのだ」と考えがちですが、物理法則はそうなっていません。

「慣性の法則（第1章5節）」でも述べたように、物体は力をかけなくても動き続けることができたわけです。そうなると力の役割って一体何なのか……。実は、力は物体に生じる加速度と関係があるのです。以下で詳しく見ていきましょう。

ボールにかかる力への誤解

例えば、落下中のボールと上昇中のボールを想像してみましょう。このボールにかかっている力は何でしょうか。もちろん、地球上でのことですから、どちらのボールにも重力だけがかかっています。なお、空気抵抗は小さいので無視できるとします。

ここで「ん？　上昇中のボールには上昇の力があるのでは？」と考えた方もいるかもしれません。しかし、力というものは必ず他者との相互作用の結果、物体に及ぼされるものです。ですから「上昇しているから力がある」というのは二つの点で誤った考えです。

（誤り1）「上昇しているから」という部分。「物体が動いているせいで物体にかかる力」というものはありません。

（誤り2）「力がある」という部分。力は「物体に外部から及ぼされるもの」であって、「物体自身が持っているもの」ではありません。

同様の理由で、下降中のボールに「重力とは別の、下降の力」などというものはかかっていません。

では、重力とは何なのかというと、「地球が物体を引っ張る力」です。つまり、地球と物体の相互作用によって、物体に及ぼされている力であるといえます*。

＊地球が物体を引っ張ると同時に、物体は地球を同じ大きさの力で引っ張り返しています。これが**作用・反作用の法則**（68ページ）です。

上昇中のボールと落下中のボールにかかる力とは

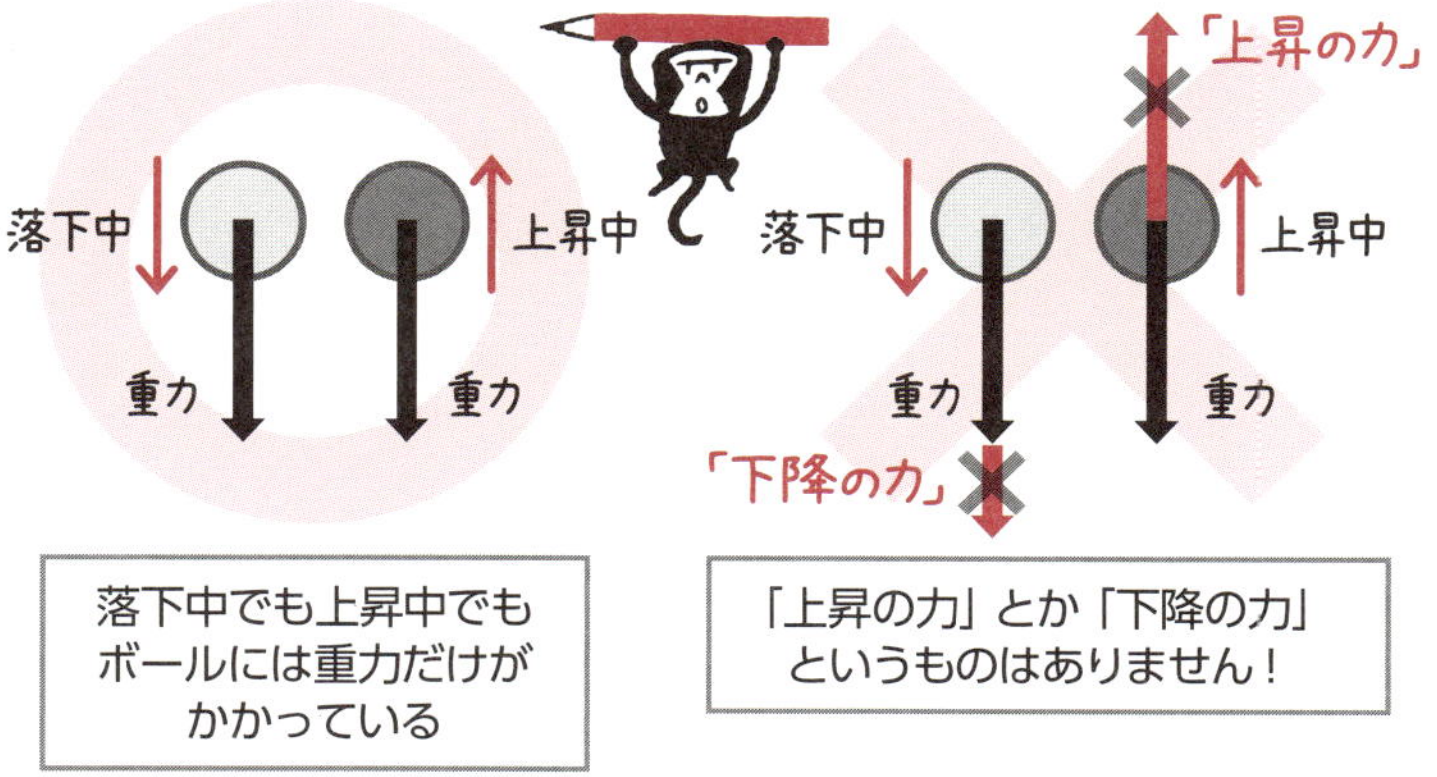
落下中
上昇中
重力
重力
落下中
上昇中
重力
重力
「上昇の力」
「下降の力」
落下中でも上昇中でも
ボールには重力だけが
かかっている
「上昇の力」とか「下降の力」
というものはありません！

この他、ボールにかかり得る力としては、ボールを手で持っているときに「ボールが手から押される力」とか、バットでボールを打った瞬間に「ボールがバットから押される力」など、ボールに何かが接触することによって及ぼされる力があり得ます。今回の設定では、ボールは宙に浮いているので、重力だけがかかることになります。

「そうはいっても、どうやってボールは上向きに動くようになったんだ？」と思う人もいるかもしれません。それは、ボールを手で持って上向きに力を加えたためです。そうやって速度（初速）を得たボールは、手から離れても（手から受ける力がなくなっても）、上向きの速度を持ち続けて上昇していくわけです（これが慣性の法則でした）。

ボールに生じる加速度とは

ここまでわかったのは、空中を飛んでいるボールには、上昇中でも下降中でも「下向きの重力だけがかかっている」ということです。つまり、「物体にかかっている力の向き」と「物体の運動方向」には特に関係がない、といえるでしょう。

むしろ、この二つのボールに共通しているのは「速度変化の具合」、すなわち**加速度**です。加速度とは「1秒あたりの速度の変化量」という意味で、落下する物体の加速度は「1秒あたりおよそ9・8m／sずつ*」ということが測定されています。ただ、今回は上昇するボールの話もありますので、もう少し詳しく述べる必要がありますね。

そこで、「下向きに加速度が9・8m／s^2」とはどういうことか、ボールが下降中の場合と上昇中の場合に分けて説明することにします。

ボールが下降中の場合は、「落体の法則」でも述べたように、下向きの速度が1秒につき9・8m／sずつ速くなっていきます。つまり、あるとき9・8m／sだった速度が1秒後には19・6m／sになり、2秒後には29・4m／sになり……というように速くなる状況が「加速度が下向きに9・8m／s^2」ということです。

ボールが上昇中の場合は、「上向きの運動をプラスとすれば、下向きはマイナス」と考

＊このことを9.8m/s^2と表記し、「9.8メートル毎秒毎秒」と読みます。

えます。したがって「加速度が下向きに9・8m／s^2」とは、「上向きの速度が、1秒あたり9・8m／sずつ減っていく」ということを意味します。具体的には、あるとき上向きに29・4m／sだった速度が1秒後には19・6m／sになり、2秒後には9・8m／sになり……という具合です。

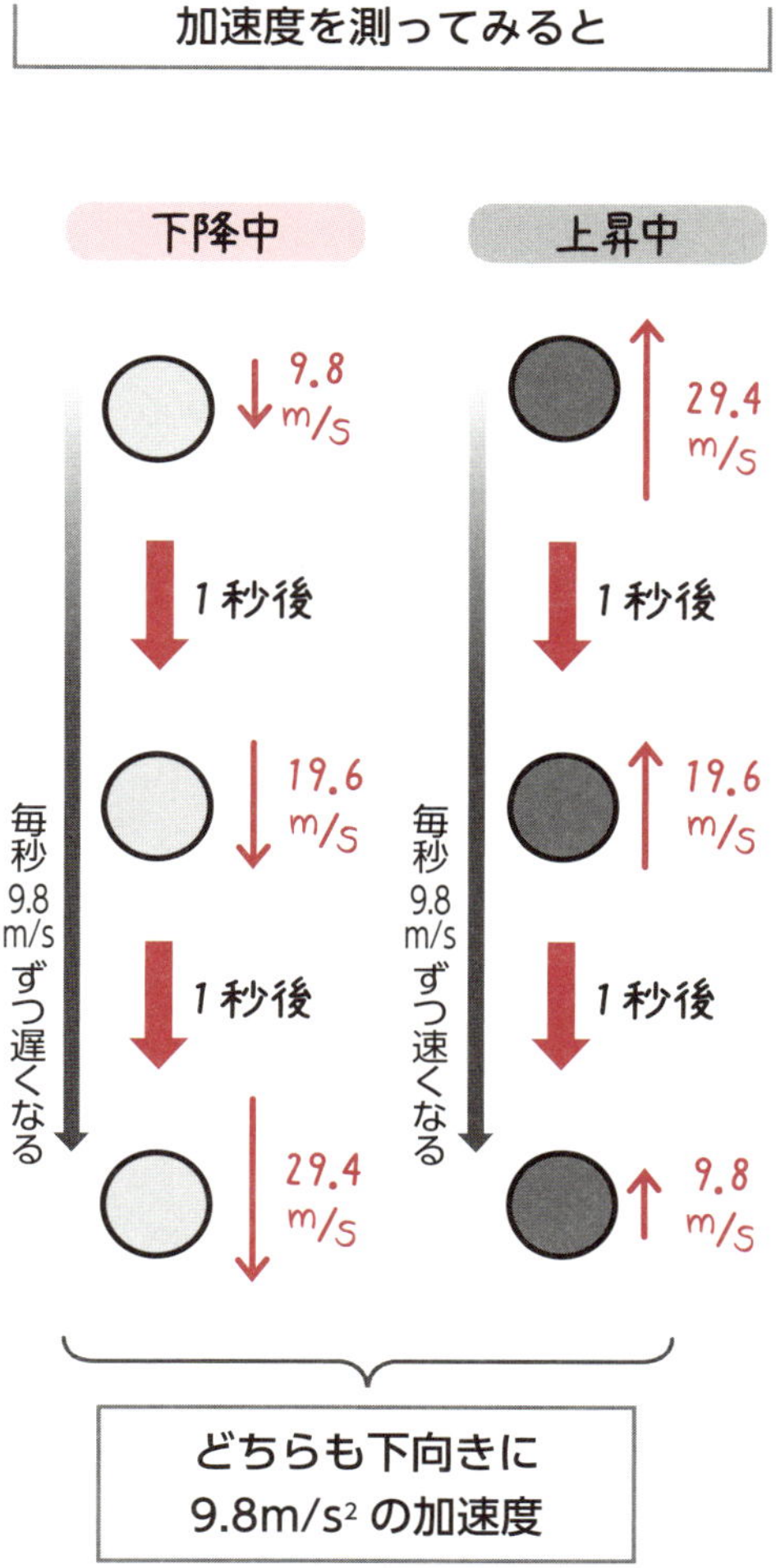

以上を踏まえた上で、ボールは上昇中も下降中も、下向きに9・8m／s^2の加速度を持っているといえます。ボールが上昇中は毎秒9・8m／sの割合で遅くなり、下降中は毎秒9・8m／sの割合で速くなっているのです。

下向きの加速度の元は何か？

ボールに下向きの加速度を生じさせている原因は何でしょうか。それが「ボールにかかっている下向きの力（この場合は重力）」です。具体的には、次の二つのことが起こっています。

- 上昇中のボールを下向きに引っ張ると、運動が邪魔されて徐々に遅くなる
- 下降中のボールを下向きに引っ張ると、どんどん速くなる

しつこいようですが、「物体は力の向きに動く」というわけではないので、上昇中のボールを下向きに引っ張ったとしても、急に下向きに落ち始めるわけではありません。「クルマは急に止まれない」という標語にもある通り、走行中にブレーキ（走行方向と逆向き）をかけたとしても、クルマの動きが急に逆向きにならないのと同じです。

次に、物体に加えた力の大きさと加速度の大きさの関係について考えましょう。これはボールだと考えづらいので、よくすべるツルツルの床の上に置かれた荷物を引っ張るとい

「加速度・質量」と「力」の関係

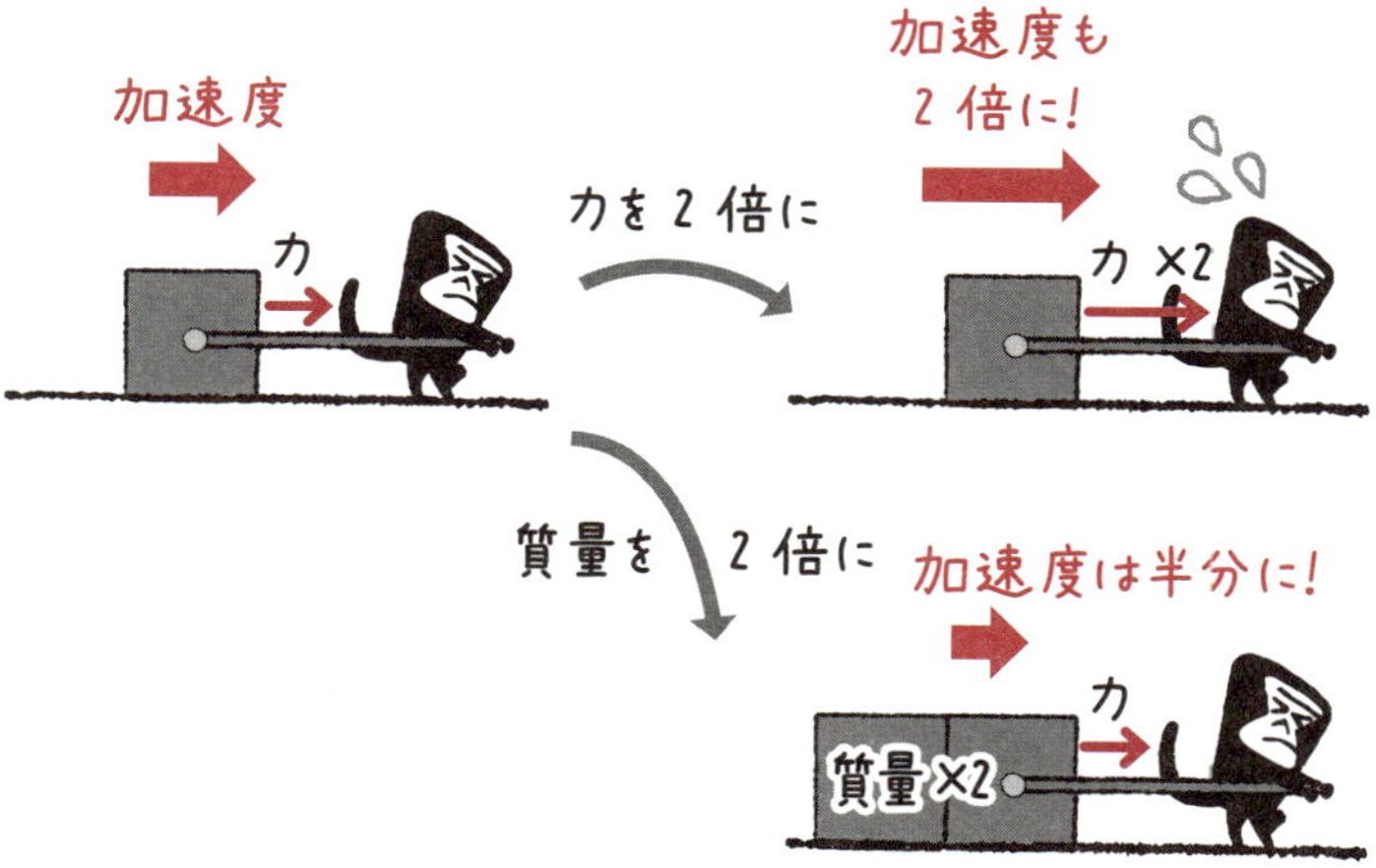

う状況を仮定しましょう。

まず、加えた力の大きさが強いほど物体はよく動きます。きちんと測定してみると、「力の大きさと加速度の大きさは比例する」ということがわかります。

また、同じ大きさの力を加えても、軽い物体より重い物体のほうが動きづらいことが知られています。これもきちんと測定してみると、「物体の質量と加速度の大きさは反比例する」ということがわかります。

運動の法則と運動方程式

以上をまとめると、物体に加えた力 F、物体に生じる加速度の大きさ a、物体の質量 m の間には、「a は F に比例」「a は

mに反比例」という関係が成り立つわけです。つまり、比例定数をkとすれば

$$a = k \cdot \frac{F}{m}$$

となりますが、kが1になるようにFの単位を決めると（その単位が「N《ニュートン》」です）、

$$a = \frac{F}{m}$$

となります。Fを2倍にすればaも2倍になり（比例）、mを2倍にするとaが1／2倍になる（反比例）ということが表わされた式ですね。これが物体に加えた力と加速度の関係を表わす「**運動の法則**」です。分数の形だと覚えにくいので、普通は両辺にmをかけ、

$$ma = F$$

の形で覚えます。この式は「**運動方程式**」と呼ばれます。運動方程式があると、物体に力（F）をかけたときに生じる加速度（a）を算出することができます。

加速度がわかれば、

- ある時間内に速度がどれだけ速くなるか
- どのくらいの距離を移動するか

ということも計算できます（「落体の法則」の節ではグラフを使って求めました）。ですから
ある意味、この運動の法則は物体の運動を書き表わす根源的な法則だといえます。

現在、「ニュートン力学」として広く用いられている体系は、次の三つの法則で成り立っています。

- 第1法則「慣性の法則（第1章5節）」
- 第2法則「運動の法則（第2章2節）」
- 第3法則「作用・反作用の法則（第2章3節）」

基本的には、この三つの法則からあらゆる物体の運動が解明されているのです。この法則で表わせないのは、原子サイズのミクロの世界や、物体の速度が光の速さに近い場合など、かなり極端な場合だけです（改めて第6章で触れます）。

なお、冒頭のスーツケースについての補足ですが、「なぜ力を加え続けないと止まるのか」というと、それは摩擦力のためです。本来は慣性の法則によって、一度動き始めたスーツケースは動き続けるはずですが、摩擦力によってマイナスの加速度が生じるため（これがこの節で述べてきた運動の法則です）、速度が減って、終いにゼロになるわけです。

このように、身の周りの運動は、必ず運動の法則で理解することができるのです。

03

作用・反作用の法則

▼横綱と小学生が衝突したら…

作用・反作用の法則

二つの物体が互いに力を及ぼし合うとき、一方が受ける力と他方が受ける力は等大・逆向きである。

壁を手で強く押すシーンを想像してみましょう。一時、流行した〝壁ドン〟です。当然、壁は手で押されてぐらりと揺れますが、逆に手も壁に押し返されて痛いはずです。あるいは野球のバットでボールを打つ瞬間を想像してください。ボールは当然、バットから強い力で押されます（だから飛んで行きます）が、逆にバットはボールから押し返されているはずです（だからバットが折れたりします）。このように周囲の現象を観察すると、力というものは「一方的に相手に及ぼす」ものではなくて、「相手に力を及ぼしたら、必ず自分にも力を及ぼし返される」ものらしいということが推測できます。

作用・反作用の法則は「等大・逆向き」と覚える

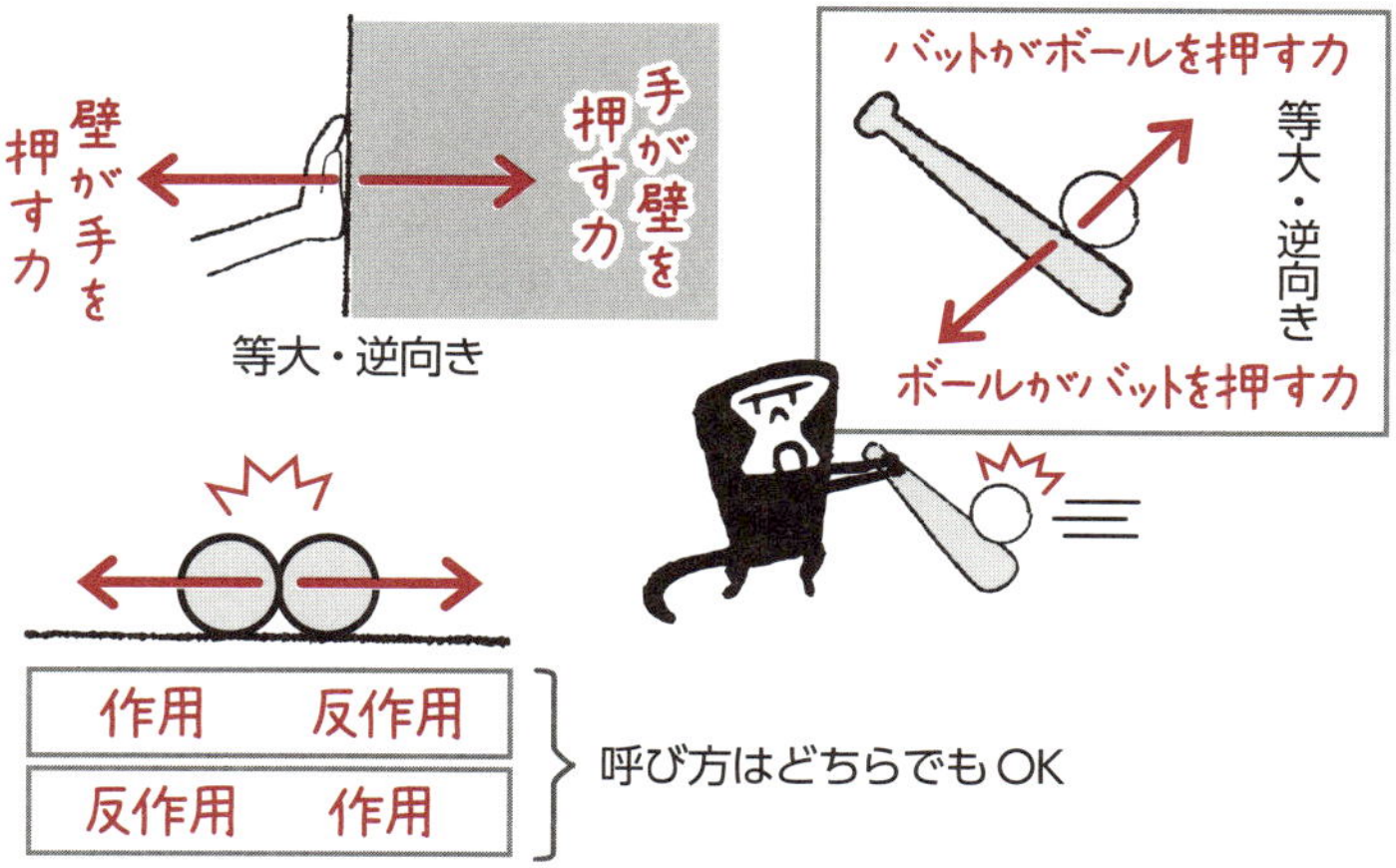

作用・反作用とは？

このことは、きちんとした物理法則として成り立っています。壁と手の例では、「手が壁を押す力」と「壁が手を押す力」は同じ大きさで向きが逆になっています（このことを「**等大・逆向き**」といいます）。同様に、バットとボールの例では、「バットがボールを押す力」と「ボールがバットを押す力」が等大・逆向きになっています。

通常、二つの力のうちの片方を「作用」と呼び、もう一方を「反作用」と呼ぶので、この作用と反作用が等大・逆向きになるという法則を「**作用・反作用の法則**」と称します。

横綱に小学生がぶつかれば、はね飛ばされるのでは？

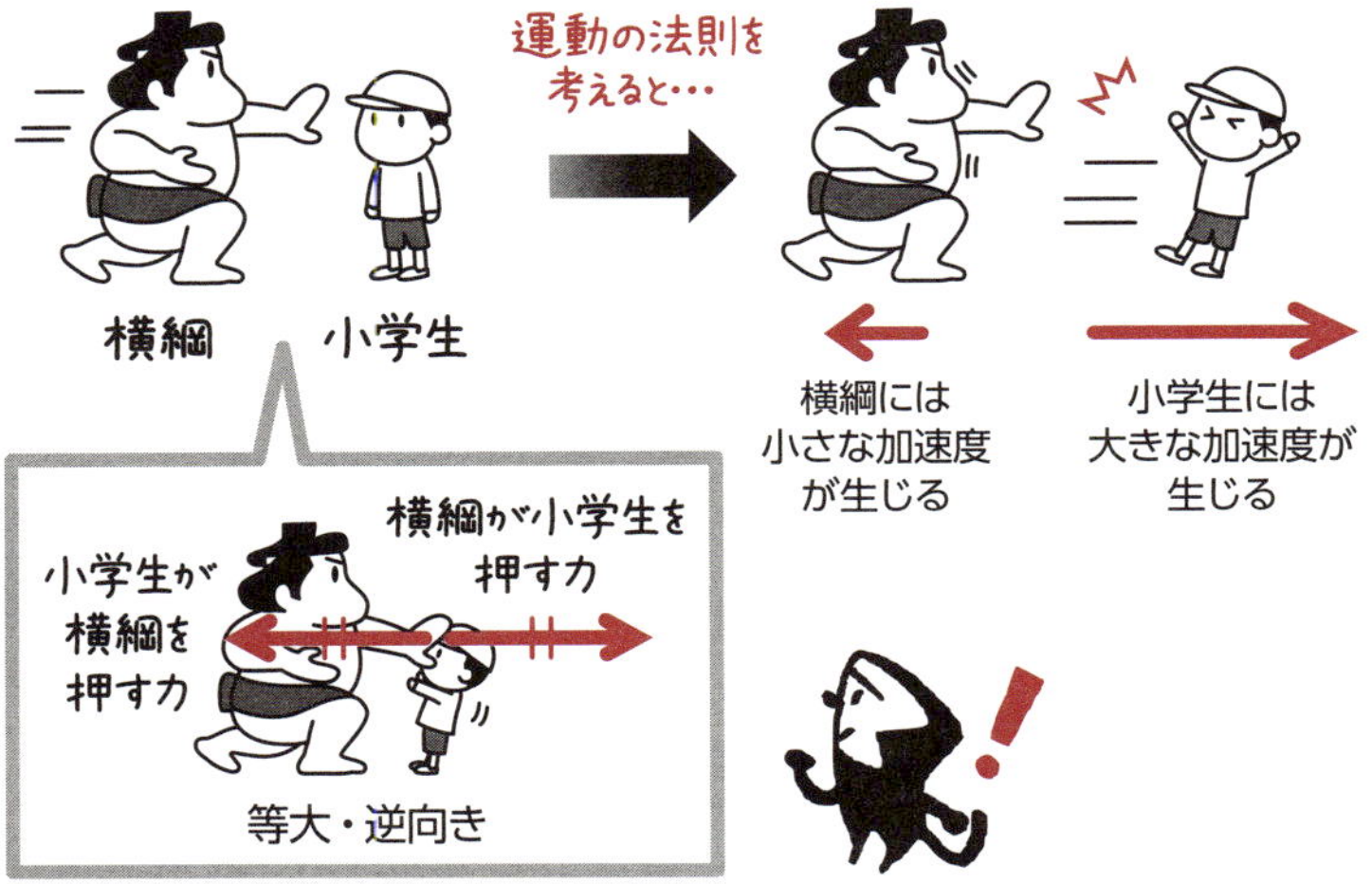

何となく、人の意思が込められているほう（手が壁を押す力など）を作用と呼びたくなりますが、どちらの力を作用と呼ぶかについては特に決まりはありません。というのも、例えば「転がってきた二つのボールが正面衝突する場合」のように、どちらが先に手を出したかを決めかねる場合も多いからです。もちろんそのような場合でも、両者が互いに及ぼし合う力は、等大・逆向きになっています。

横綱が小学生にぶつかったら……

そうはいっても、例えば無防備に突っ立っている10歳の小学生に大相撲の横綱が正面からぶつかったら、小学生は大きくはね飛ばされ、横綱は微動だにしない……ということは容易に想像できます。その場合でも、本当に「横綱が小学生を押す力」と「小学生が横綱を押す力」は等大・逆向きだといえるのでしょうか。

これを考える上で役立つのが、前節で述べた「運動の法則」です。同じ力の大きさを加えても、質量が2倍になれば、生じる加速度は半分になる（質量と加速度は反比例する）のでしたね。横綱と小学生の体重は4倍ぐらい違うとすると、横綱には小学生の4分の1しか加速度が生じません。ですから小学生がはね飛ばされるほどの加速度が生じたとしても、横綱の加速度は小さく、横綱の突進は止まらないわけです。

同様に、宇宙に飛び立つロケットのしくみも、この作用・反作用の法則で成り立っています。ロケットエンジンから噴き出す炎は、化学反応によって生じるエネルギーを利用して、気体を高速で噴出*させているのです。気体分子の立場になれば、ロケットから噴出する向きに力を受けていることになりますし、その反作用としてロケットは反対向きの力を受けることになります。あとは運動の法則にしたがって加速度が生じるので、ロケットは徐々に速くなって宇宙にまで達する……というわけです。

こんなふうに、身の周りから宇宙まで、同じ法則が幅広く成り立つというのが物理のすごさですね。

＊この方法で大きなロケットを地上から宇宙まで運ぼうとすると、ものすごい量の燃料が必要です。そんなわけで、ロケットの質量の80～90%以上を燃料が占めています。

04

力学的エネルギー保存の法則

▼運動エネルギー＋位置エネルギーが一定に保たれる場合

力学的エネルギー保存の法則

摩擦力や空気抵抗のない状況下では、
力学的エネルギー（運動エネルギーと
位置エネルギーの和）は
一定の値に保たれる。

「エネルギー」という言葉は日常にあふれていますよね。「彼はいつもエネルギッシュだ」「このパワースポットはすごいエネルギーを感じる」「ポジティブな言葉にはプラスのエネルギーがある」……。ここに挙げた例は、いずれも物理で扱うエネルギーとは違う意味ですが、「その人・場所・言葉が持っているすごいパワー」というような共通のイメージがあります。

運動エネルギーとは「運動の勢い」

では、物理の世界で使われる「**エネルギー**」とはどんなものでしょうか。案外、奥の深い言葉なのですが、最も初歩的で理解しやすい「**運動エネルギー**」からスター

運動エネルギーの公式

物体の質量を m[kg]、速さを v[m/s] とすると、
物体の持つ運動エネルギーは、

$$\text{運動エネルギー} = \frac{1}{2}mv^2 \text{ [J]}$$

で表わせる。実際に数値を代入してみると、以下のようになる。

	質量 m[kg]	速さ v[m/s]	運動エネルギー [J]
①	2	1	1
②	2	2	4
③	4	1	2
④	4	2	8

①と②、③と④の比較：速さが２倍→運動エネルギーは４倍
①と③、②と④の比較：質量が２倍→運動エネルギーは２倍

トしてみましょう。これは日常で使うエネルギーと似たようなイメージで、「物体の運動の勢い・威力」のような意味です。

数式を用いた定義は上記のようになっています。なお、単位Jは「ジュール」と読みます。

式を見てもイメージがつかめない人は、数字を入れてみると感じがつかめるでしょう。質量や速さが大きい場合に、運動エネルギーが大きくなることがわかります。例えば①と②を比べてみると、同じ質量でも速さが2倍になると運動エネルギーは4倍になりますし、②と④を比べると、同じ速さでも質量が2倍になる

と運動エネルギーは2倍になります。

もっと実際的な例を挙げてみます。例えば、野球でホームベースに突っ込んで来る選手がいるとしましょう。選手の走る速さが2倍になると、その選手が持つ運動エネルギーは4倍になる。あるいは、体重が2倍重い選手が同じ速さで走れば、運動エネルギーには2倍の差が生じるということですね。

相撲で大型の力士がガチンコ勝負で思いっきりぶつかり合うのは、まさにエネルギーとエネルギーのぶつかり合いです。その「勢い（質量・速度）」を「すごい」といった言葉ではなく、数値で表わしたのが運動エネルギーなのです。

運動エネルギーを増やすには

ボールが高い所から落ちて来ると、ボールの速度が速くなります。したがって、ボールの運動エネルギーは落ちている間に増えます。これはボールが重力に引っ張られているためです。同様に、床に置かれたスーツケースを引っ張って行くと、止まっていたスーツケースが動き出します（つまり運動エネルギーが増えます）。このように、物体に力をかけて引っ張ると、物体が速くなる……つまり運動エネルギーが増えるわけです。「運動の法則」を考えれば当然です。

仕事とは何か？

物体に加えられる仕事 [J] = 力 [N] × 物体の移動距離 [m]

※ただし力と移動方向が逆向きの場合はマイナスをつける

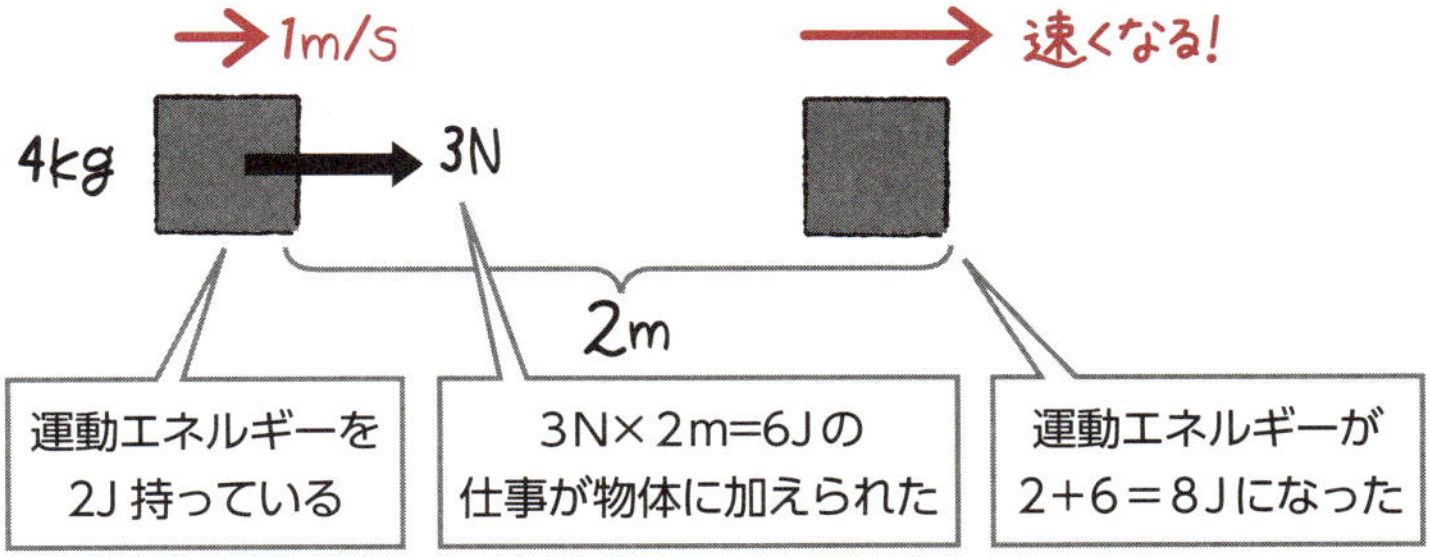
1m/s
速くなる!
4kg
3N
2m
運動エネルギーを
2J 持っている
3N×2m=6Jの
仕事が物体に加えられた
運動エネルギーが
2+6＝8Jになった

実は、厳密にいうと「**仕事**」という概念が存在します。これは日常生活の「仕事」とは少しイメージの異なる言葉で、上図のように定義される数値です。仕事の単位は運動エネルギーと同じくJです。

例えば物体に3Nの力を加えながら2m引っ張ると、物体には6Jの仕事が加えられたことになります。そして、この「仕事」が運動エネルギーを増やす働きをします。つまり、

物体に加えられた仕事＝物体の運動エネルギーの変化量

という関係が成り立ちます。例えば、もともと2Jの運動エネルギーを持っていた物体に6Jの仕事が加えられると、物体の運動エネルギーは8Jになります。運動エネ

ルギーの値が元の4倍になっているので、速さは2倍になるのだな……などということも想像できます。

運動エネルギーの貯金

さて、ここまでの知識を持った上で、高い所に置かれた物体を眺めてみましょう。いまは置かれているだけなので、運動エネルギーはゼロです。しかし、もしこの物体が床まで落ちてきたら、重力から仕事を受けるために運動エネルギーが生じます。

つまり「高い所にある」ということは、それだけで「床まで落ちたときには（重力に仕事をしてもらえるから）、運動エネルギーを持つことができる」と約束されているわけです。いわば「運動エネルギーの貯金を持っている」状況です。

この「運動エネルギーの貯金」が「**位置エネルギー**」です。正確には「重力による位置エネルギー」と呼びます。意味はもちろん「基準の高さ（ここでは床の位置）まで落ちるときに、重力によってしてもらえる仕事の大きさ」ということです。

運動エネルギーを「現金」、位置エネルギーを「貯金」にたとえてみましょう。すると、高い所から床まで物体が落ちるということは、「高い所で持っていた貯金を徐々に現金に換えていき、最後には全部現金に換える」ということに相当します。逆に低い所から高い

位置エネルギーと運動エネルギーの関係

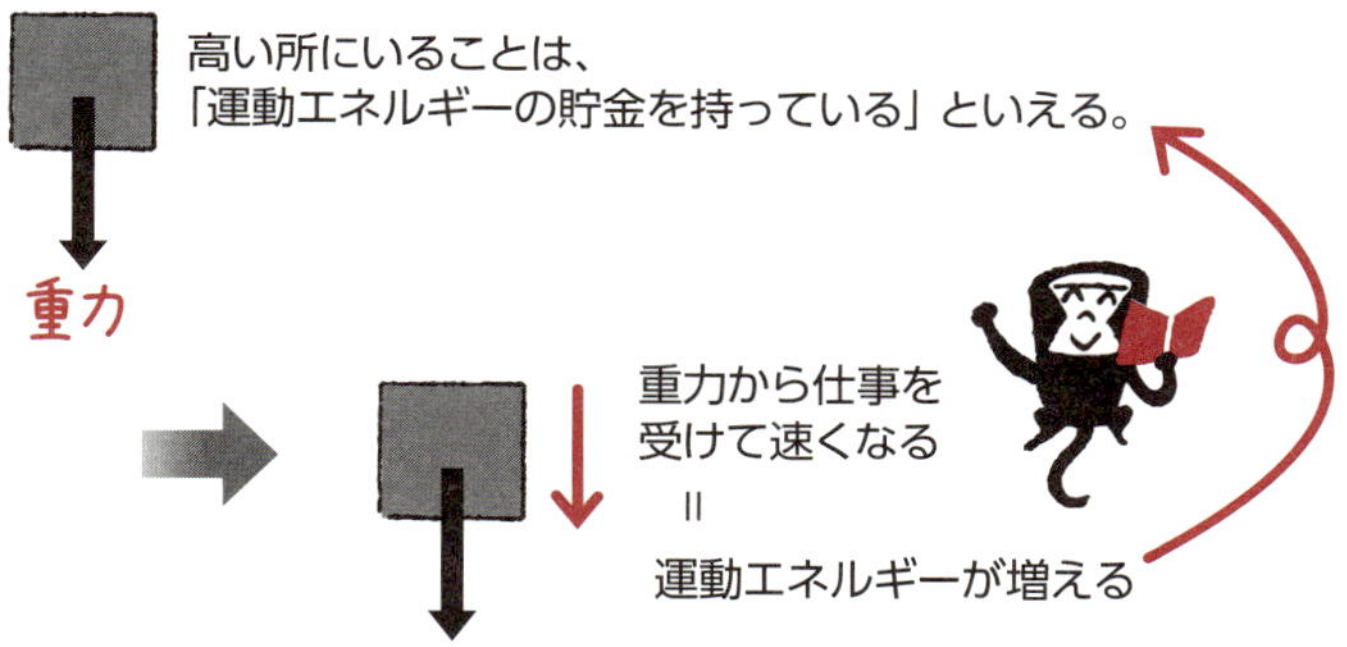

所に物体が上がっていく現象は、「現金を貯金に換えていく」ということに相当します。

ここで「現金＋貯金」を「総資産」と考えると、物体が落ちたり上がったりする現象においては総資産は変動しないことがわかります。この総資産を「**力学的エネルギー**」と呼ぶことにします。

力学的エネルギー
＝運動エネルギー＋位置エネルギー

そうすると、物体が落ちたり上がったりする際には力学的エネルギーは変化しない、と表現できます。「値が変化しない」ことを物理では「保存する」というので、この事実を「**力学的エネルギー保存の法則**」と呼びます。一般的には、摩擦力や空気抵抗が働かない環境下では、力学的エネルギーは保存されます。

より広い「エネルギー保存の法則」

「力学的エネルギーは保存される」といいましたが、摩擦力や空気抵抗がある場合には、徐々に力学的エネルギーは減少していきます。例えば、すべり台で高い所からすべり降りる際には、お尻に摩擦力がかかっています。そのため、高い所にいた時に持っていた位置エネルギー（貯金）の大半が失われ、地面に達したときの運動エネルギー（現金）は少ししか残りません。そうでなければ、すべり台の下に到達したときには、あまりの勢い（運動エネルギー）でみんなケガをしてしまいます。このように、「力学的エネルギー保存の法則」は常に成り立つわけではありません。

では、減少した力学的エネルギーは、どこに消えてしまったのでしょうか。実は、力学的エネルギー以外の別のものに変わっています。すべり台の例では、減少した力学的エネルギーは「すべり台とお尻の熱エネルギー*」に変わっています。

このように、熱、光、物質の結合などの形で「エネルギー」は流転していき、消えてなくなることはありません。このことを「エネルギー保存の法則」といい、どんなときにも成り立っている法則なのです。

＊すべり台やお尻を構成している原子は温度に応じた激しさで振動しています（熱運動：第1章6節）。熱運動の運動エネルギーのことを「**熱エネルギー**」と呼びます。

05

角運動量保存の法則

▼フィギュアスケートの選手が利用する物理法則

角運動量保存の法則

物体にモーメントが加えられない限り、物体の角運動量は保存する。

フィギュアスケートでは、演技の終盤に差し掛かってくると、選手は大きく手を広げてゆっくりとスピンを始めます。そして広げた手を体に向かって縮めていくと徐々にスピンの回転数が上がっていき、終いには目にも止まらぬ速さでクルクルと……。

手を広げるとゆっくり回転し、縮めると高速で回転するのは見ていてわかります。このスピードは一体、どこから生み出されているのか、少し考えてみましょう。

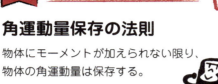

回転半径が小さくなると速くなる?

実は、この秘密は広げた手を縮める動作にあるのですが、まずは事態を簡略化して考えてみましょう。81ページの真ん中の図のように、縄の一端を手に持って振り回すシーンを想像しましょう。右手で振り回しながら左手で縄をたぐって短くしていくと、回転が速くなります。

あるいは5円玉をくくりつけたひもを右手に持ち、振り子のように揺らしてみてください。5円玉が揺れているときに、左手でひもを引っ張って長さを短くしていくと、揺れの速度が速くなります。

これらの事例から推測できることは、「ある点を中心に運動している物体は、中心からの距離（縄やひもの長さ）が短くなるとスピードが上がるらしい」ということです。冒頭のフィギュアスケートの選手の例では、「大きく広げていた手を縮めていく」というのが「中心からの距離を短くする」ことに相当するので、それで回転速度が上がるのか……と類推することができますね。

なぜこんなことが起こるのでしょうか。「力学的エネルギー保存の法則」で少し触れたように、物体の速さを上げる（運動エネルギーを増やす）ためには「仕事」を加えなければなりません。仕事とは「物体に力を加えて、力の向きに引っ張る」ことでした。そこで、5円玉の例を図解してみると、5円玉には糸の力（張力）がかかっています。しかも、「糸が短くなる → 5円玉は少し張力の向きに動く」ことになりますから、5円玉に仕事が加えられたことになり、運動エネルギーが増加するわけです。

フィギュアスケートの選手がスピンで高速回転できる理由

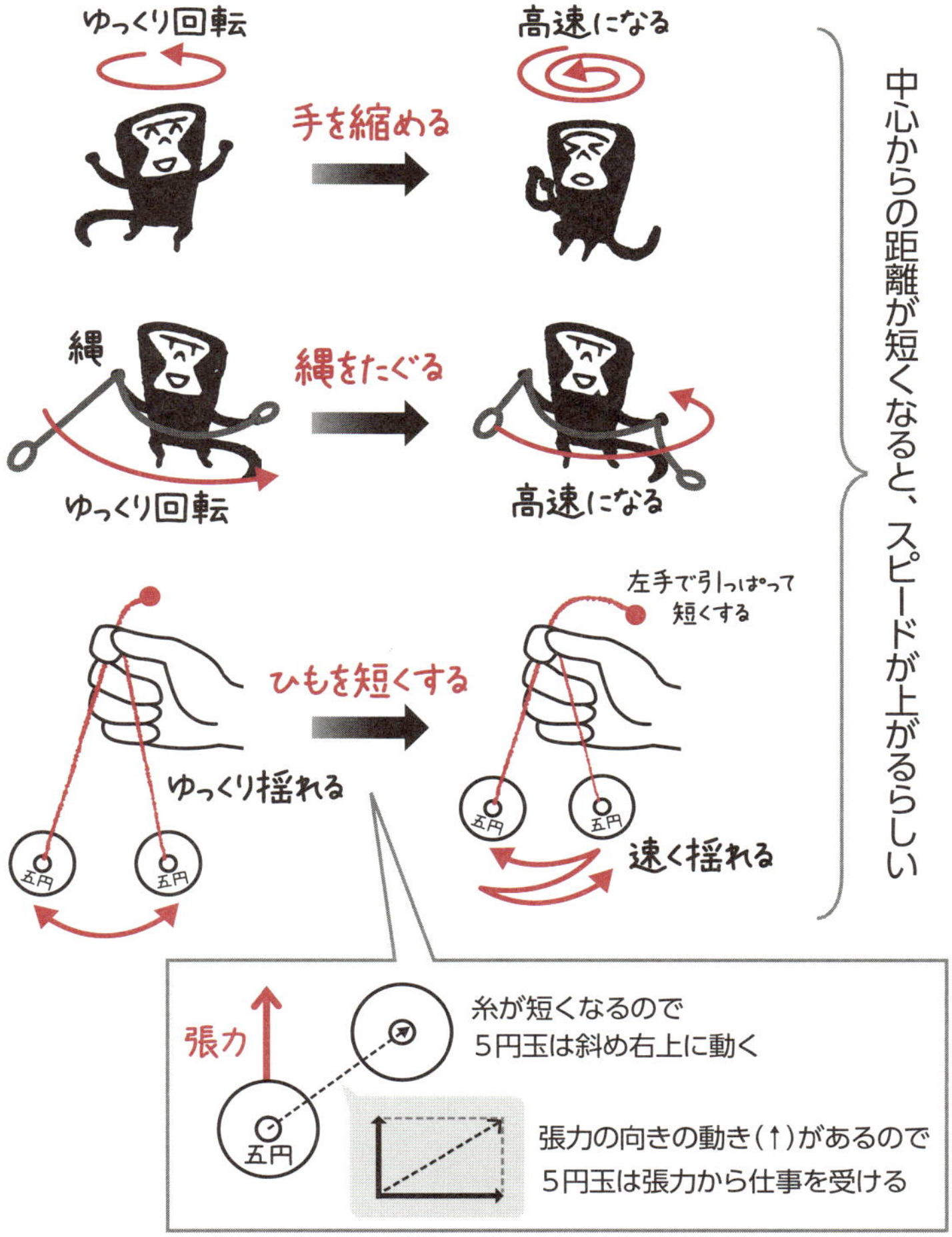

回転方向に力がかかっている場合、そうでない場合

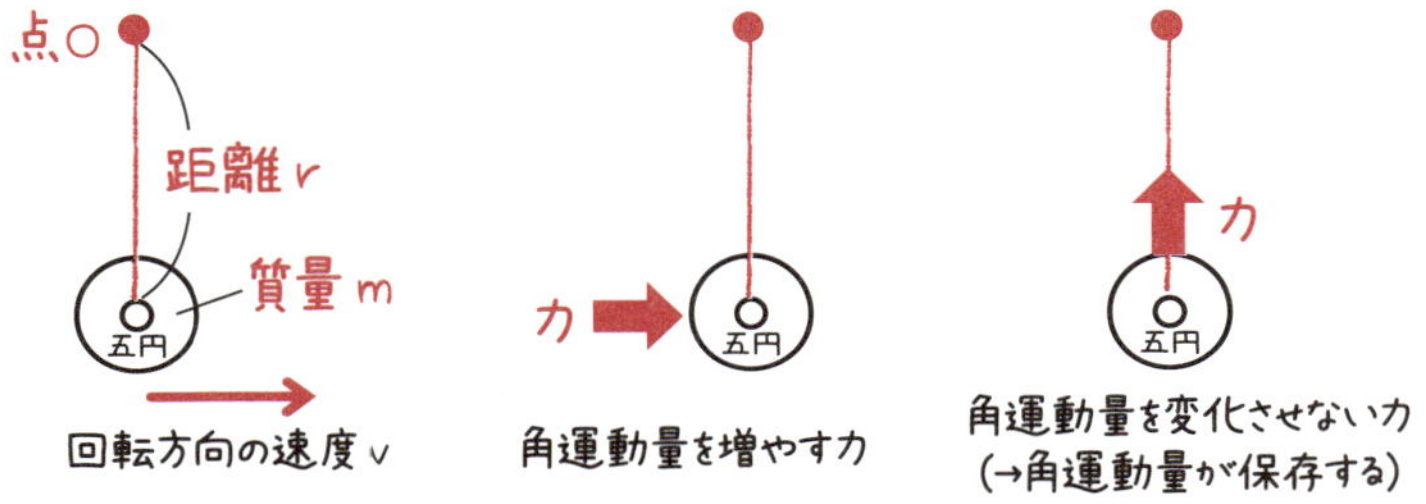

$$角運動量 = r \times m \times v$$

r：ある点Oからの距離　m：質量　v：回転方向の速度

角運動量を導入すると便利

ただ、毎度このように考えるのは結構面倒です。そこで、もっと便利な考え方が開発されています。それが「**角運動量**」という概念です。「ある点Oの周りの角運動量」は上図のように定義されています。

そして、角運動量を増減させるためには、回転方向に力をかければよいということも「運動の法則」から導かれます。しかも角運動量の式からわかるように、「点Oからの距離」が大きい（遠い）ほど、角運動量は大きくなります。

ということは、逆に同図の右端のように、「回転方向を向いていない力」しかかかっていない場合は、角運動量の値が変化しないわけです。値が変化しないことを物理では「保存す

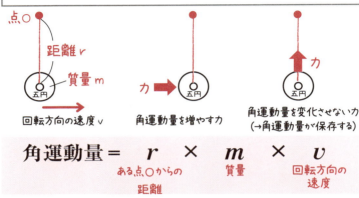

る」というので、つまり「回転方向を向いていない力のみがかかっている場合は、角運動量は保存する」といえます。これが「**角運動量保存の法則***」の内容です。

ちなみに「点Oからの距離×回転方向を向いた力」のことを「点Oの周りの力のモーメント」と呼びます。よく考えると、これは「てこの原理」でも登場しています。てこの原理は、「支点の周りのモーメントがつり合っている」といい換えることができるのです。

冒頭の5円玉の例では、5円玉にかかっている力（張力）は回転中心を向いているので、回転方向（回転中心と直角な向き）を向いていません。ということは角運動量保存の法則が成り立つ条件になっています。ですから、手でひもを引っ張って長さを短くすると、「角運動量＝距離×質量×回転速度」の「距離」が短くなった分だけ「回転速度」が上がるという結論が導かれます（質量は変化しないので）。例えば、ひもの長さを半分にすると、回転速度は2倍になるということです。

フィギュアスケートの選手のスピンも同様に理解できます。伸ばした手にかかる力は、ひもの張力と同様に「体のほうに引っ張る力」だけです。つまり、回転方向を向いた力はかかっていません。したがって角運動量保存の法則が成り立ち、手を縮めれば回転速度が上がるというわけです。

筆者の友人のフィギュアスケート選手に話を聞いてみると、「ふだん物理法則を実感す

*「回転方向を向いていない力」とは、いい換えると回転の中心向きの力ですので、これを「中心力」と呼びます。つまり角運動量が保存するのは中心力のみがかかっている場合です。

ることは少ないけれど、角運動量保存の法則だけはスピンのときに大いに実感する」ということでした。選手も感じている角運動量保存の法則、今度は観客として実感しながら演技を堪能してみましょう。

結構あちこちにある角運動量保存の法則

角運動量保存の法則は、実は結構あちこちで見られます。5円玉の例などでわかるように、「一定の点に向かう力」がかかっている場合には角運動量が保存するわけですが、他にも「竜巻の発生」があります。

竜巻の空気はすごいスピードで回転していますが、最初は大きな低気圧に伴ってゆっくり回転しています。低気圧は「周囲より気圧が低い場所」という意味で、まるで掃除機のように周囲から空気を吸い込みます。空気が低気圧に向かって引き込まれていくと、回転半径が徐々に小さくなります。この過程で空気が受ける力はほぼ「低気圧に向かう力」だけなので、角運動量が保存されます。

竜巻は、だいたい5㎞～40㎞ぐらいの広さでゆっくり回転していた空気が最終的には100～500mぐらいまで小さくなる現象です。回転半径が数十分の1になっている。ということは、回転速度は数十倍になるわけです。仮に最初の回転速度が1m／s程度（顔

低気圧から発生した竜巻は回転速度が上がっていく

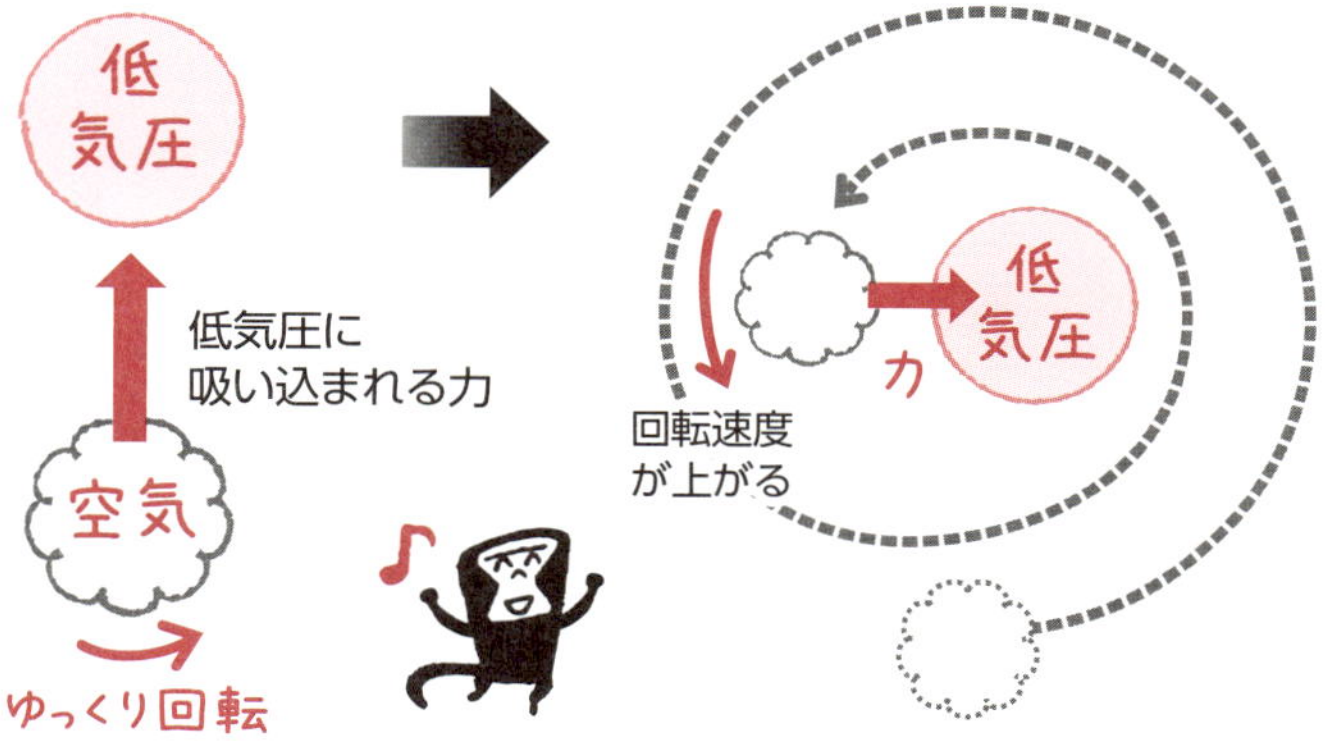

に風を感じるかどうか）だとしても、最終的には数十m／s（台風の暴風域並み）になるということです。実際には、さまざまな条件が複合し、発生する竜巻の風速はもっと強かったり弱かったりします。

よく考えると、お風呂の栓を抜いたときに水が回転しながら排水口に吸い込まれていくのも同じです。栓を抜いたときにお風呂の水がわずかに回転速度を持っていれば、排水口に吸い込まれていく過程で回転半径が小さくなるので、回転速度は大きくなり、目で見える渦になって観察できるという寸法ですね。

ともかく「一定の点に向かう力だけがかかっている運動」では、角運動量が保存します。注意深く観察すると、ここにも物理の存在を感じることができるでしょう。

06

ケプラーの法則

▼大量のデータから科学的天球図を描き出す

ケプラーの法則

太陽の周りを回る惑星は、
次の特徴を持っている。

（1）惑星は太陽を焦点の一つとする楕円軌道を回っている。

（2）惑星と太陽を結ぶ線分が一定の時間内に掃く面積は一定である。

（3）惑星の公転周期の２乗と楕円の長軸の３乗の比率は、どの惑星でも同じ値を取る。

毎日、太陽は東から昇って西へ沈みますし、その他の星も同様です。このため、昔の人が「太陽や惑星やその他の星は、地球の周りを回っている」と思ったとしても何ら不思議ではありません。これが「天動説」です。

　しかし、いまや私たちは「太陽が中心で、地球やその他の惑星はその周りを回っている」という認識を持っています。これが「地動説」です。このように、人類の持つ知識が変化してきたのはなぜでしょうか。ごくかいつまん

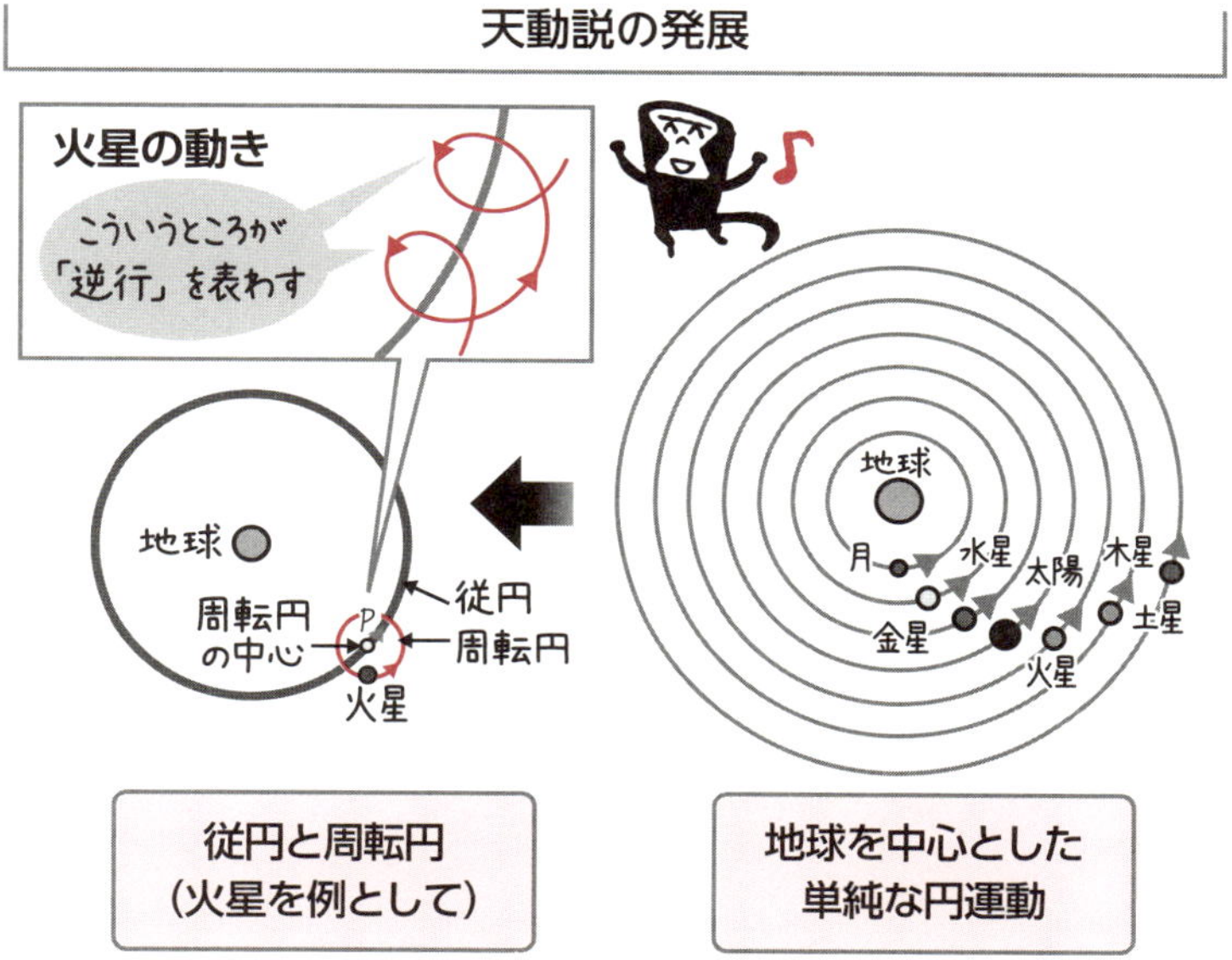

従円と周転円（火星を例として）
地球を中心とした単純な円運動

で歴史をたどってみましょう。

天動説は意外と複雑

天動説は紀元前2世紀頃、古代ギリシャの時代に考案されたものです。といっても、「地球を中心として、太陽や惑星が一定の速さで円運動をしている（等速円運動といいます）」と単純に考えていたわけではありません。当時すでに、惑星（水星・金星・火星・木星・土星）は空の上を一定の速さで移動しておらず、一時的に逆行することもあるとわかっていたからです。そのような動きを再現するためには、単純な等速円運動で

天動説の発展

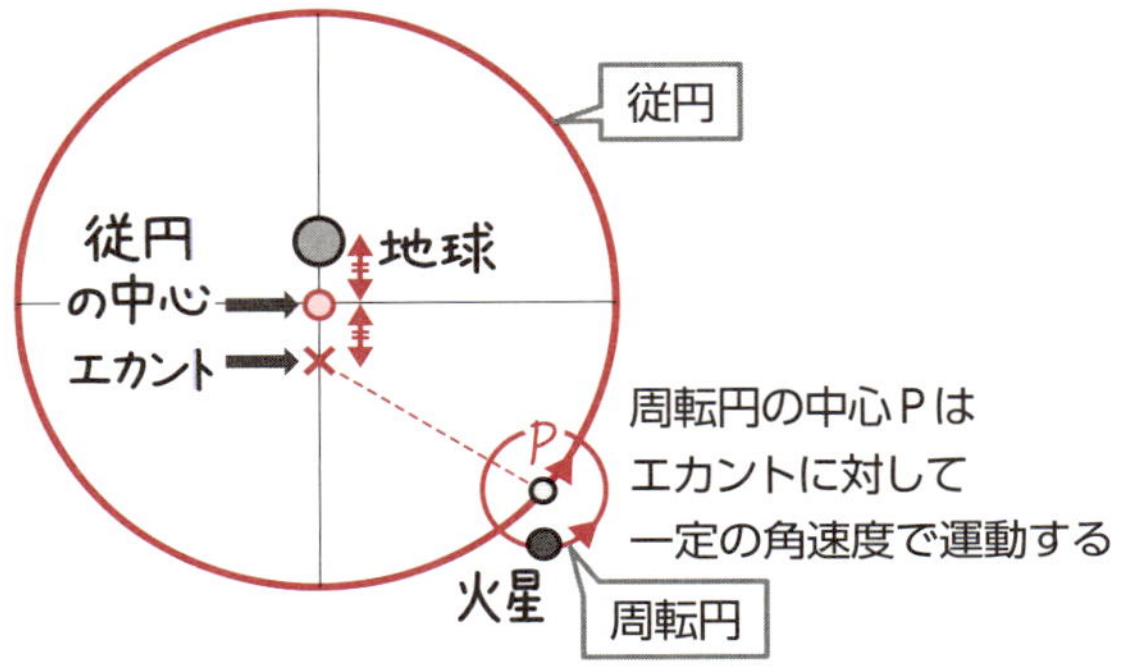

エカントの導入

は無理で、円運動にもう一つの円運動を重ねる必要がありました。前ページの図に示すように、「地球を中心として等速円運動をする点P」を中心とした小さな半径の円上を惑星が等速円運動する、と考えたわけです。惑星が運動している小さな円のことを「**周転円**《しゅうてんえん》」と呼び、周転円の中心（点P）の軌道を「**従円**《じゅうえん》」と呼びます。

しかし、これでも観測データと少し誤差が出るので、古代ローマの学者プトレマイオスが考えたのが「従円の中心は地球から少しずれている」という考え方です。そればかりか「従円の中心に対して地球と対称的な位置にある点をエカントと呼び、周転円の中心はエカントに対して一定の角速度で回っている（毎秒同じ角度だけ回っている）」と考えたのです。このとき、周転円の中心の速さは一定にはなりません。文字で書くだけでなく、図で表わしても難解です。ここではともかく、「地球を中心に置いて、円軌道を複雑に重ね合わせることによって、惑星の運動を再現しようとしている」ということをつかんでいただければ十分です。

実際には、観測データとの細かな誤差を埋めるために「周転円の周りを回る周転円」などというものも使われていたようで、現代人の感覚からすると「そんなややこしいことをよく考えたな」と思います。ですが、当時は「自分たちが暮らしているこの大地こそが世界の中心、不動の大地」という感覚があったのでしょうし、手の届かない天空の星々が「円」という歪みのない美しい図形に沿って動いていると考えるのが自然だったのかもしれません。

コペルニクスの地動説

いろいろな問題は残っていましたが、他に惑星の動きを十分な精度で説明できる理論がなかったこともあり、16世紀頃までプトレマイオスの天動説が長らく用いられていました。そして、16世紀にポーランドの天文学者コペルニクスが発表したのが「地動説」です。これは、地球やその他の惑星が太陽の周りを回っているという説です。

今回も、単純に「太陽を中心とした円軌道を惑星が回る」と考えると観測データからずれてしまうので、やはり「太陽からずれた点を中心とした円と、その円上を回る周転円」というモデルが必要だったようです。相変わらず複雑ではありますが、プトレマイオスの理論と同じくらいの精度で惑星の動きを予測でき、しかもプトレマイオスの体系に特有のいくつかの問題が解決されたという点で、極めて画期的であったといえるでしょう。特に「エカント」がなくなったことにより、等速円運動の組み合せで惑星の運動を表わせるようになった点は、当時の宇宙観（あるいは自然に対する美的感覚）にうまくマッチしたようです。

ティコ・ブラーエ、そしてケプラー

さらに時代は下り、登場するのがデンマークの天文学者ティコ・ブラーエです。まだ望遠鏡が発明されていない時代ですが、彼は肉眼で天体観測を続けて精密かつ膨大なデータを残しました。何でも若い頃に決闘で鼻をそぎ落とされて以後は義鼻をつけていたそうですが、その義鼻を外して観測装置を覗き込むと、目の位置を毎回同じ位置にピッタリと固定できたとか。そういったこともデータの精密さに一役買っていたのかもしれません。

そしてそのデータを引き継いで解析にあたったのが、ドイツの天文学者ヨハネス・ケプラーです。ケプラーはティコの晩年に共同研究者として（助手という説もありますが）招聘《しょうへい》され、ティコの死後にまず火星のデータを用いて、地球や火星が太陽の周りをどのような軌道で回っているのかを計算しました。当初はコペルニクス等と同様に等速円運動を仮定して計算したのですが、どうしても観測データと計算結果がずれてしまいます。数年かけた計算で得られたわずかなずれを見逃さず、「この方針ではだめだ」と方針転換し、とうとう彼は等速円運動という仮定を手放しました。

またしても数年間に及ぶ計算の末、ケプラーはついに「惑星は楕円軌道を回っている」という画期的な結論にたどり着きました。楕円というのは、単に「円を適当につぶした形」という意味ではなくて、数学的にきちんと定義された図形です。この楕円軌道にはもはや周転円は不要で、惑星は各々に決められた一つの楕円の上を回っていたのです。「惑星は円軌道を回っているに違いない」という呪縛から解き放たれ、純粋に観測データから出発して得られた結論がこれほどまでにシンプルだというのは、痛快ですらあります。

ケプラーの三つの法則

このことも含め、ケプラーが得た結論は最終的に三つの法則にまとめられました。三つの法則すべてが発表されたのは、ティコの死後18年が経過した1619年のことでした。

ケプラーの第２法則

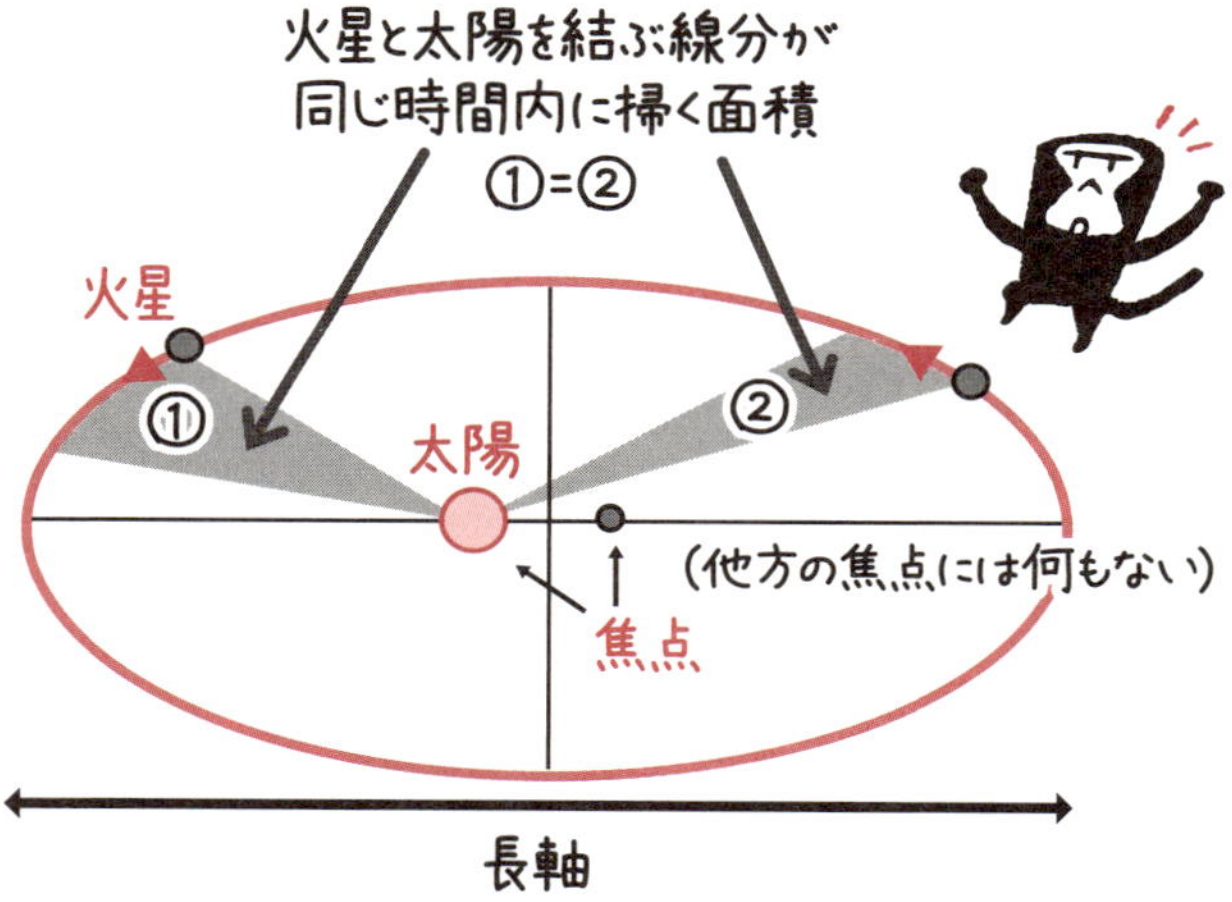

上の図も参照しながらお読みください。図は火星を例にしていますが、他の惑星でも同様です。

（第１法則）

惑星は太陽を焦点の一つとする楕円軌道を回っている。

楕円には二つの「焦点*」があります。その片方に太陽が位置しており、もう一方の焦点には何もありません。ですから必然的に、惑星は太陽に近づいたり遠ざかったりするわけです。

（第２法則）

惑星と太陽を結ぶ線分が一定の時間内に掃く面積は一定である。

簡単にいえば、惑星は太陽に近いときは速く動き、太陽から遠くでは遅く動く

*「２つの点からの距離の和が等しい点」で図形を描くと楕円になります。その２つの点を焦点と呼びます。

ということです。例えば図中の①と②の面積が等しくなるためには、火星の速さは図の左側にいるときに速く、右側にいるときには遅くならねばなりません。ちなみにこの法則は「角運動量保存の法則」（中心からの距離が短くなると回転速度が上がる）と同じ内容です。

（第3法則）
惑星の公転周期の2乗と楕円の長軸（長いほうの差し渡しの長さ）の3乗の比率は、どの惑星でも同じ値を取る。

つまり、公転周期が長い惑星は、太陽から遠い軌道を回っているということです。

これらのケプラーの3法則は、多量のデータがしたがうシンプルな法則を見出した「経験則」であって、なぜそんな法則が成り立つのか、ということまでは示していません。それでも、従来の天動説、あるいはコペルニクスの地動説に比べてずっと正確に惑星の運動を表わすことができたので、当時の人々に与えた衝撃は大きかったことでしょう。

そして、およそ70年後、ニュートンが「**万有引力の法則**」を導くための直接的な根拠となっていくのです。

07

万有引力の法則

▼物理学で最も有名な法則の一つ

万有引力の法則

質量を持つ２物体は互いに引力を及ぼし合う。その大きさFは次のように表わされる。

$$F = G\frac{Mm}{r^2}$$

G：比例定数（万有引力定数）
M, m：それぞれの物体の質量
r：２つの物体の距離

「ケプラーの法則」の単純さ・正確さは、それまでの天動説対地動説の論争に終止符を打ち、地球を含めた惑星が太陽の周りを回っているという宇宙観を世の中にもたらしました。

そして、必然的に「どうして惑星は太陽の周りを回っているのか？」という問題が持ち上がってきました。ケプラー自身も当然いろいろと考えたはずで、例えば「太陽から『運動力』とでも呼ぶべき影響が周囲に伝わり、惑星を軌道の接線向きに引っ張っている」というアイデアまで考案していたようです。

しかし、根本的に「太陽から惑星に及ぼされる影響とは何か」がわからなければ、正しい議論もできません。ケプラーの時代には残念ながら未解明のままでした。ニュートンが『プリンキピア』という著書で力学の3法則を発表し、さらにそれをケプラーの法則と組み合わせることによって「**万有引力**」という力の存在を証明したのは、ケプラーの法則からさらに70年も後のことでした。

『プリンキピア』でニュートンが発表したこと

ニュートンは、まず慣性の法則、運動の法則、作用・反作用の法則の三つを宣言した上で、「ケプラーの法則が成り立つためには、惑星にどのような力がかかっていればよいか」を数学的に証明しました。現代では微分・積分の力を借りて証明するのが普通ですが、ニュートンの時代にはまだ微分積分学が広まっていなかったため（微分・積分はニュートンが開発したものなので）、当時は幾何学を使って証明しています。これは現代の物理学に慣れた人でも読むのに骨が折れる代物で、筆者自身、なかなか大変な作業でした。

証明によると、ケプラーの3法則が成り立つためには、

(1)惑星が受ける力の大きさは、太陽からの距離の2乗に反比例し、惑星の質量に比例する。
(2)惑星が受ける力の向きは、太陽に向かって引っ張られる向きである*。

という二つの性質を満たさないといけません。ここで太陽を特別な存在だと考えず、作

＊この性質(2)は万有引力が中心力（回転方向を向いていない力：83ページ）であることを意味しますが、このことはケプラーの第2法則が角運動量保存の法則と同じ意味であることから直接導かれます。

用・反作用の法則が成り立つとすれば、太陽も惑星と同じ大きさの力を受けていると言えます。すると(1)より、その力の大きさは太陽の質量にも比例しているということになります。

以上をまとめると、惑星と太陽は互いに次ページにまとめたような大きさの力Fを及ぼし合っているということになります。力の大きさは太陽と惑星の距離の2乗に反比例し、質量の積に比例しています。

この法則の意味は、「太陽が惑星に力を及ぼす」ということではなく、「質量のあるものどうしはすべて、互いに引力を及ぼし合う」ということです。そのため「**万有引力の法則**」と呼ばれます。この法則により、「地球は太陽に引っ張られて太陽の周りを回っている」だけではなく、「月は地球に引っ張られて地球の周りを回っている」「リンゴは地球に引っ張られて落ちて来る」というふうに、天空で起こっていることと地上で起こっていることが、同じ一つの原理で説明できるようになったわけです。

ちなみに、太陽も惑星に同じ大きさの力で引っ張られているのに、太陽はほぼ動かず惑星だけが動くのはなぜでしょうか。それは、太陽の質量が惑星に比べてとても大きいためです。

運動の法則によれば、物体に生じる加速度は質量に反比例するので、惑星と太陽が同じ

万有引力の法則の意味を考えよう

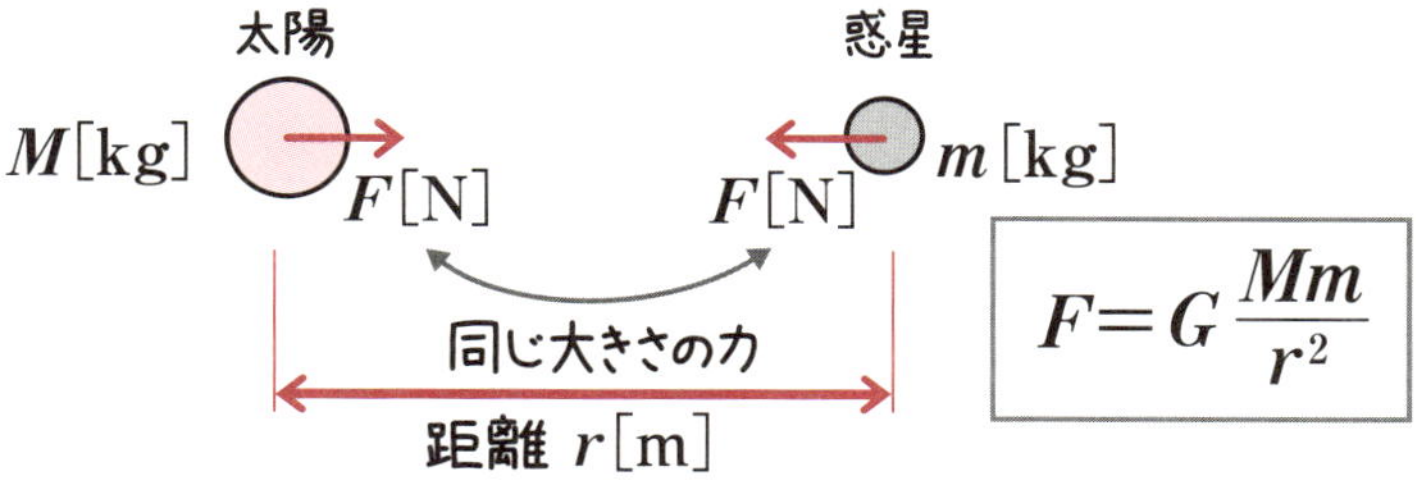

$$F = G\frac{Mm}{r^2}$$

G：比例定数（万有引力定数といいます）
M：太陽の質量
m：惑星の質量
r ：太陽と惑星の距離

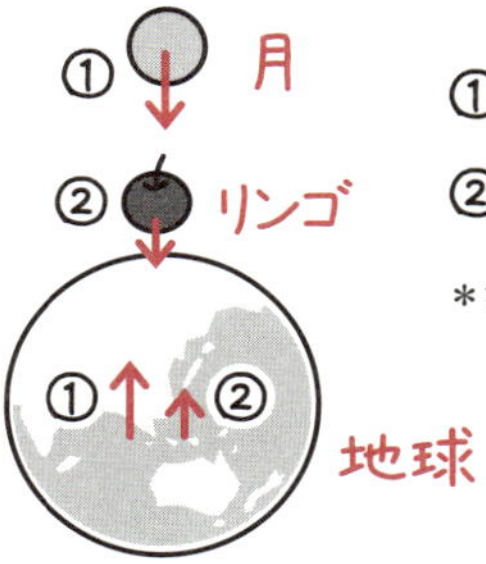

①月と地球の間に働く万有引力

②リンゴと地球の間に働く万有引力

＊実際には②は①よりずっと小さいです

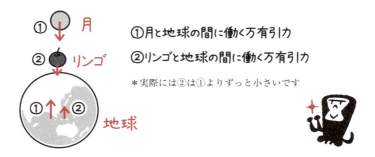

大きさの力を受けている場合、太陽に生じる加速度はとても小さいものになります。だから太陽はほぼ動かず、惑星だけが振り回されるわけです。

なお、万有引力は質量のあるものどうしの間にかかるので、例えば隣に立っている人と自分の間にも万有引力が働いています。そこで「体重50kgの人間2名が1m離れて立つと、どのくらいの万有引力を及ぼし合うか」ということを計算してみると、およそ1000万分の1N《ニュートン》となります。これは50kgの人が地球から受ける万有引力の300億分の1という、超微小の力にすぎません。

ですから、私たちが普通に生活しているときには、周囲の物体から受ける万有引力のせいで動きにくいといった影響はないのです。

引力？ 重力？ 万有引力？ その違いは？

ところで、読者の皆さんの中には「引力、重力という言葉と、万有引力は何が違うのか」と思われている方もいるかもしれません。わかっているようでいて、案外あいまいな区別で使っていることが多いものです。というわけで、それらの違いを整理しておきます。

まず、本来「**引力**」という言葉は「引っぱり合う力」という意味です。ですから太陽と地球の間の引力以外にも、①「電気のプラスとマイナスが引っぱり合う」のも引力です。

また、②「磁石のN極とS極とが引っぱり合う」のも引力です。さらには③「質量のあるものどうしが引っぱり合う」のも引力で、これらはすべて引っ張り合うので「引力」と呼ぶことができます。

それに対して「**万有引力**」というのは、最後の③「質量のあるものどうしが引っぱり合う力」だけを指す特別な言葉です。「万有」とは「すべてのものが持っている」という意味です。普通に考えると、すべてのものが質量を持っているので、「質量のあるもの（＝すべてのもの）が持っている引力」という意味で「万有引力」と呼ぶのでしょうね。

重力＝万有引力＋遠心力

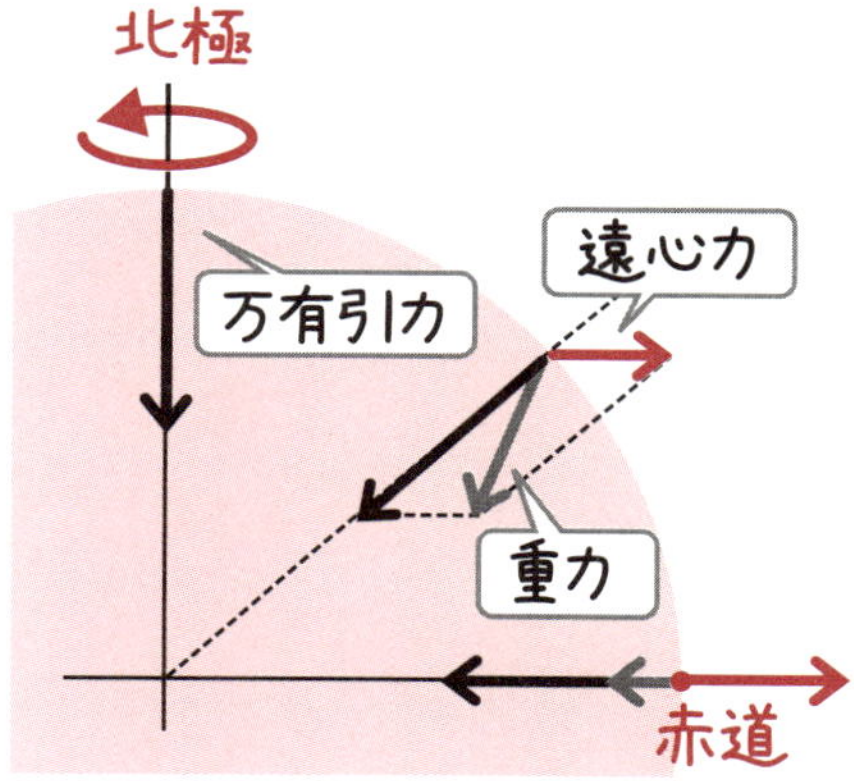

＊この図では遠心力を誇張して非常に大きく表わしています

ところが、ここでもう一つ、理解を複雑にしている要因があります。「引力」という言葉は先ほどの①〜③の意味で使うと述べましたが、文脈によっては③の「万有引力」と同じ意味で使っているケースも見られます。この辺については文脈から「電磁

惑星の重力を利用したスイングバイ

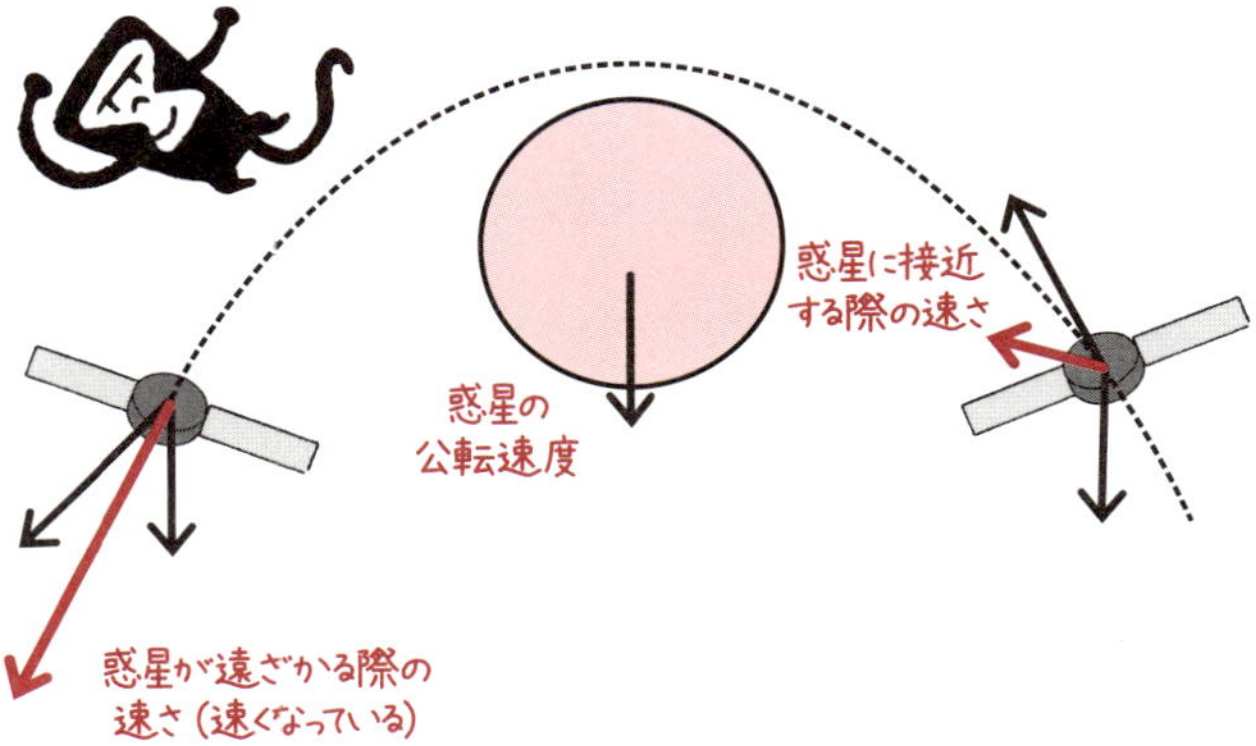

力まで含んだ引力ではなく、質量に関しての万有引力の意味だな」と読み取る必要があります。

もう一つややこしいのが「**重力**」です。「重力＝万有引力」と勘違いしている人もいますが、そうではありません。「重力」とは、地球上にある物体が受ける万有引力と遠心力の合力のことを表わします。皆様の中には、「東京で60kgの人が赤道上に行くと、体重が60kgより少し軽くなる」という話を聞いたことがある方もいるかもしれません。これは前ページの図のように、赤道上では遠心力が地面の反対方向を向くので、万有引力を少し打ち消す効果があるためです。ですから「重力≠万有引力」です。

ところがややこしいことに、「重力」を

「万有引力」と同じ意味で使うケースもあるので注意が必要です。例えば「木星の重力を受けて人工衛星がスイングバイをする（速くなる）」などという使い方です。これは木星の万有引力を利用して、人工衛星が加速するという意味です。

以上をまとめると、次のようになります。

(1)**万有引力**：質量のあるものどうしが引っぱり合う力のこと。
(2)**引力**：物体どうしが引っぱり合う力のこと。電気、磁気、万有引力などがあり、万有引力とは限らない。ただし「万有引力」という意味で「引力」という場合もある。
(3)**重力**：地球上の物体に働く力のことで、万有引力と遠心力の合力。ただし、「万有引力」という意味で「重力」という場合もある（地球上以外の話題の場合など）。

新天体の予言と発見

万有引力は、前述の人間2名の例でもわかるように、プラス・マイナスの引力（電気力）、N極とS極とが引っ張り合う力（磁力）に比べると、はるかに小さな力です。その証拠に、鉄のそばに磁石を置いて手を離すと、鉄は磁石に吸い寄せられ、地面に落ちる（万有引力の影響）ことはありません。

ただし、電気の力や磁力と違って万有引力には「反発力」がありません。また、電気や磁気の力は少し離れると力が急激に減少します。このため、大量の質量が含まれるような宇宙規模の現象になると、万有引力は影響力を発揮します。ですので、宇宙におけるさまざまな構造や現象は、この万有引力によるものと考えてだいたい間違いありません。地球の周りを回る月しかり、太陽の周りを回る惑星しかりです。

万有引力の法則による計算によって存在が予言され、見事に発見された天体を二つご紹介しましょう。

一つ目は「**ハレー彗星**」です。イギリスの天文学者ハレーは、1682年（『プリンキピア』刊行の少し前です）に出現した彗星が、かつて1531年、1607年にも観測されていた彗星とほぼ同じ軌道を通っていることに気づきました。ハレーはこの彗星が太陽や惑星から受ける万有引力を計算し、「次に戻って来るのは1758年頃だ」と予言したのです。ハレーは1742年に亡くなってしまいますが、彗星は予言通り1758年に再度発見されました。こうして、この彗星は彼の功績を称えて「ハレー彗星」と呼ばれるようになったのです。

もう一つは「**海王星**」です。海王星は現在、太陽系の一番外側の惑星として知られていますが、発見される前は天王星がその地位にありました。天王星は1781年に発見されましたが、すぐにその軌道が「太陽など既知の天体からの万有引力」だけでは説明できない小さなずれを含んでいることが明らかにされました。

その原因を、「天王星の外側にもう一つ未知の惑星があって、その惑星から天王星に及ぼされる万有引力のせいではないか」と推測したフランスの天文学者ルベリエとイギリスの天文学者アダムスは、それぞれ独自にその未知の惑星の位置を計算しました。そして1846年、ドイツの天文学者ガレが、その予測された位置に見事に新天体、海王星を発見したのです。

ダークマターの証拠？

惑星や彗星が太陽の周りを回るのと同様に、星々も銀河の中心の周りを回っています。渦巻き状の銀河の中心には巨大な質量のブラックホールがあり、その周囲には星が大量に密集している領域（バルジといいます）があります。さらにその外側に星々が渦巻き状に分布していて、バルジや銀河の中心のブラックホールからの万有引力を受けながら、銀河の中心の周りを回っているわけです。

とすると、これは「太陽の周りを回る惑星」とだいたい同じような状況ですから、ケプラーの法則と似たような条件が成り立つのではないかと期待されます。中心となる天体が

ケプラーの第３法則がダークマターを発見した？

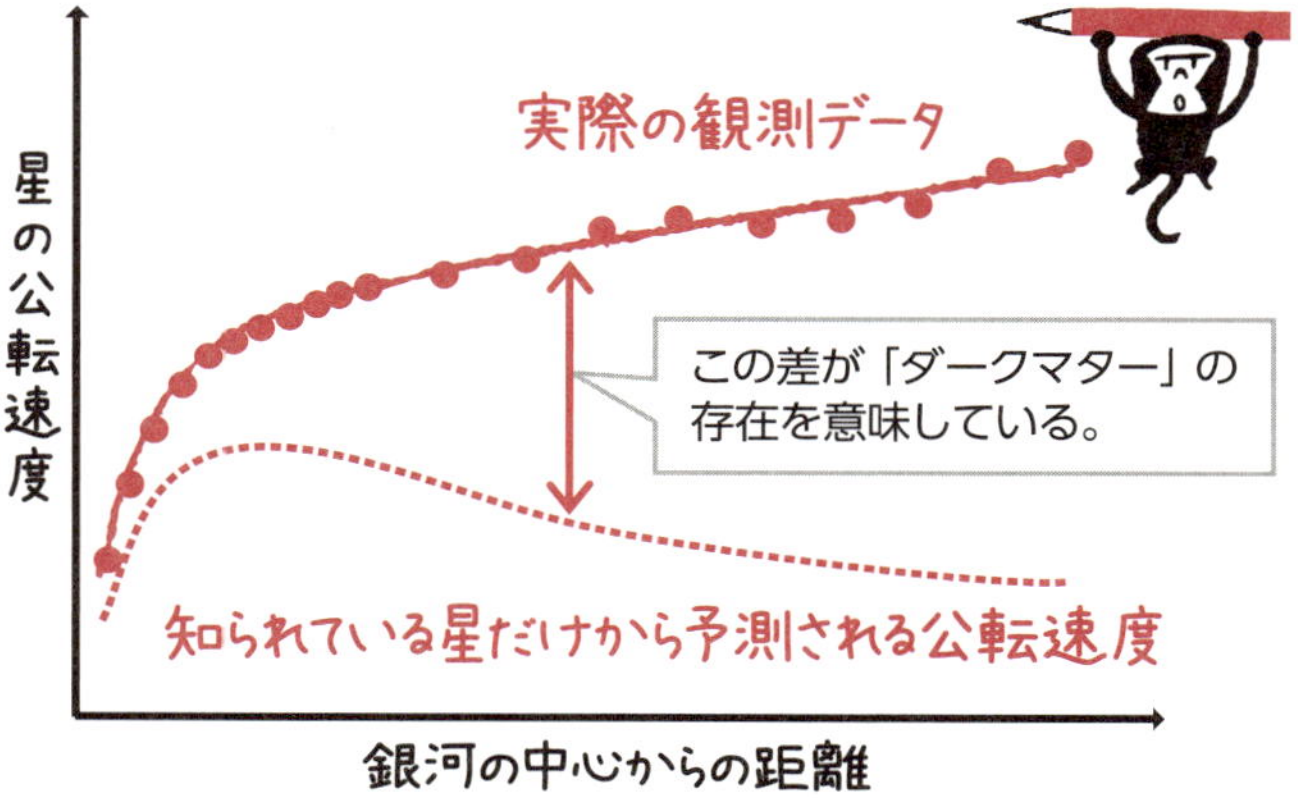

M33 銀河の観測から得られた、星の公転速度のグラフ。
出典：E. Corbelli and P. Salucci, Monthly Notices of the Royal Astronomical Society 311 (2): 441-447 Fig.6 を基に筆者作成

一つではなくてバルジのように広がりを持っているので、そこは補正して計算しないといけませんが、だいたい「銀河の外側の星ほど回転速度（公転速度）が遅い」という予測が出てきます。これはケプラーの第３法則と同等の内容です。

ところが、１９７０年代にアメリカの天文学者ヴェラ・ルービンらが数十個の銀河を観測してみたところ、星の公転速度は銀河の外側に向かっていってもあまり遅くなっていないことがわかりました。

このことは、銀河の中には「計算に入れなかった質量」が大量にあることを意味します。計算には、知られてい

る星の質量はすべて入れてあるわけですから、要するに「目に見えない物質が銀河内には大量にある」ということになります。

このような物質は「**ダークマター**」と呼ばれ、1930年代にスイスの天文学者フリッツ・ツビッキーがかみのけ座銀河団に関する計算から提案していた概念でした。ツビッキー以後、初めて得られたダークマターの直接的な証拠が、このルービンの観測結果です。もっともダークマターそのものは目に見えないため、「直接的」という表現が適当かどうかわかりませんが、少なくともニュートンが提示した力学の範囲内では、ルービンの観測結果は「目に見えない物質が銀河内に大量にある」ということを示しているのは間違いありません。

ルービンはノーベル物理学賞の候補として名前を挙げられることがあります。受賞の暁には、この節も一緒に思い出していただけると嬉しいです。

08

ハッブルの法則

▼宇宙に始まりがあったことを初めて示す

ハッブルの法則

天体が地球から遠ざかる速さは、
天体と地球との距離に比例する。

ケプラーの法則の確立により、地球は宇宙の中心の特別な存在ではないことが明らかとなりました。さらに万有引力の法則により、太陽ですらも特別な存在ではなく、「地球に引力を及ぼすが、逆に地球からも引力を受ける」存在であることがわかってきました。

その後も発見は続き、1718年（ニュートンが万有引力の法則を発表してから約30年後）には、イギリスのハレーが「恒星の固有運動」を発見します。これは恒星（太陽のように自分で光る星）は宇宙で静止しているわけではなく、何らかの理由で動いているということを示しています。

色でわかる銀河の後退速度

ハレーが発見した固有運動は、地球から見て横方向（視線に対して垂直な方向）のものでしたが、やがて視線に対して平行な方向の動き（奥行き方向の動き）も発見されるようになりました。これは「天体の光の色が本来よりも赤くなる」ことによって検出されるのですが、以下少し説明します。

「ドップラー効果」の節（第5章3節）で詳しく触れますが、音を出す物体（音源）が観測者から遠ざかっている場合、音波の波長が長くなります。その結果、音程が低く聞こえます（救急車とすれ違った後に起こる現象です）。

光でも同様のことが起きます。光を出す物体（光源）が観測者から遠ざかっているとき、光の波長は長くなります。光の波長が長くなると、色が赤っぽくなります。逆に、光源が観測者に近づいているときは波長が短くなり、光は青っぽい色になります。

20世紀初頭、アメリカの天文学者スライファーが実際にいろいろな銀河（当時の言葉では「星雲」と呼ばれます）の色を測定してみると、ほとんどの銀河が本来の色よりも赤くなっていることがわかりました。これをドップラー効果だと仮定すると、赤みの度合いから、銀河が逃げていく速度（後退速度）を求めることができました。その値は秒速数十〜数百kmというものでした。

天体までの距離を測るモノサシ

一方その頃、天体までの距離を測定する方法が少しずつ確立されていました。近距離の場合は「年周視差」といって、地球が半年公転することによって星の見える方向が変わることを利用して、天体までの距離を測定します。

もう少し遠い天体は、HR図（ヘルツシュプルング・ラッセル図）という星の色と明るさの関係を表わす図を用います。この図によって、星の色を観測すれば星の本来の明るさがわかります。これは「**絶対等級**」といって、星を32・6光年の距離に置いた場合に観測される明るさのことです。実際に観測される星の明るさは、距離が遠いほど暗くなりますが、「明るさは距離の2乗に反比例する」ということがわかっているので、本来の明るさと観測される明るさの比率を調べれば距離がわかるという考え方です。

さらに遠い天体は、「セファイド型変光星」というタイプの変光星（明るさが変化する星）の、変光周期と明るさの関係を用います。変光周期が観測されれば、観測された明るさと本来の明るさの比率から距離を求めることができるというわけです。現在では、この方法で6000万光年ぐらいまで距離を測っています。

このようにして得られた天体までの距離と後退速度のデータを比較した天文学者が二人

ハッブルの法則を突き止める！

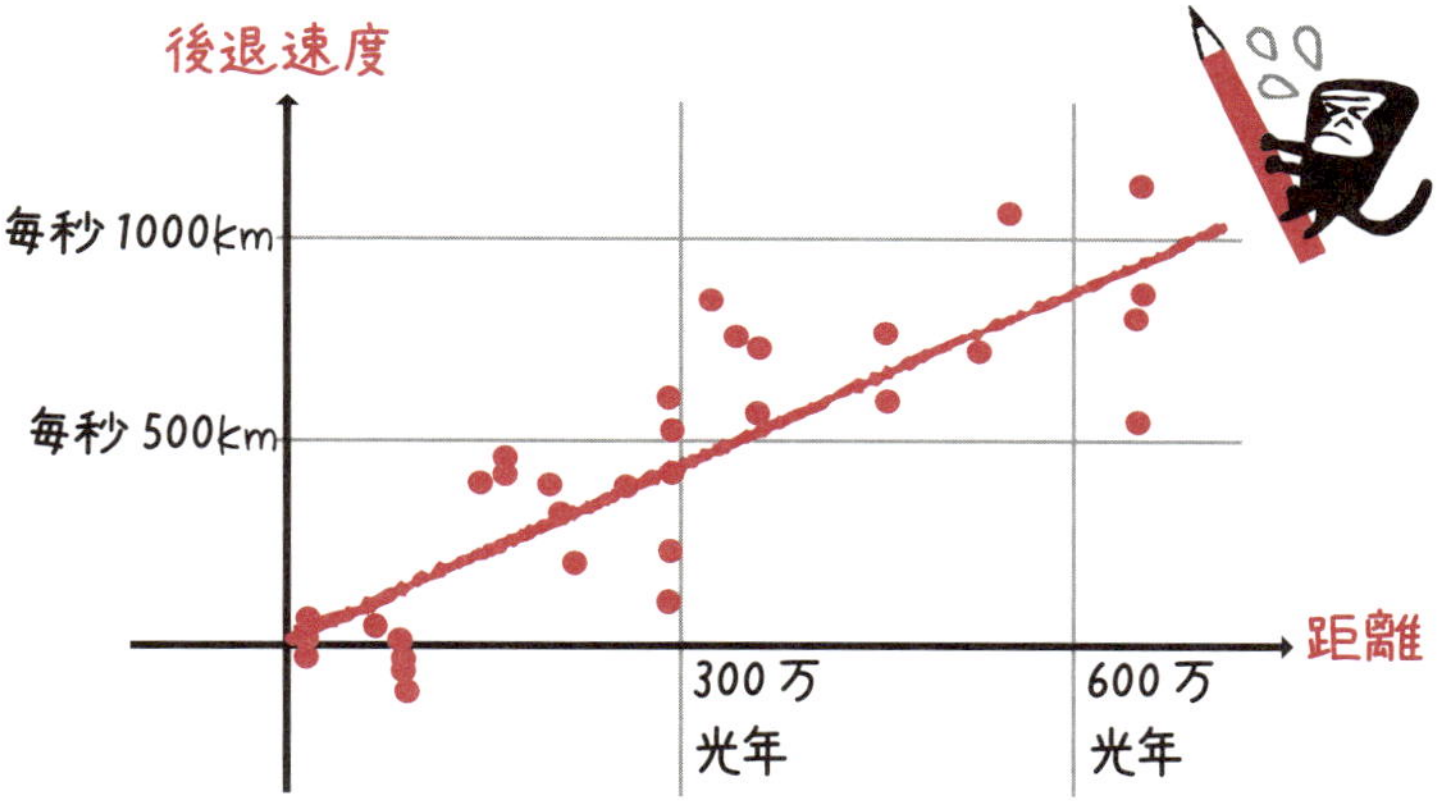

ハッブルが発表した距離と後退速度の関係。Proceedings of the National Academy of Sciences of the United States of America, Vol. 15, Issue 3, pp.168-173 Figure 2 より作成。

いました。それがアメリカのハッブルとベルギーのルメートルです。二人は独立にデータ解析を行ない、ほぼ同等の結果を得ました。発表したのはルメートルが2年ほど早かったようですが、ベルギー国内のマイナーな科学誌（しかもフランス語）に発表したためほとんど注目を集めることがなく、1929年にハッブルが発表した結果が一般的によく知られています。

二人が突き止めたことは「天体までの距離と天体の後退速度が比例している」ということです。例えば、天体までの距離が2倍になると、後退速度も2倍になるということです。この関係を「**ハッブルの法則**」といいます。

宇宙の容れ物そのものが膨張している！

ハッブルらの発見に先立つ1922年、ソ連の宇宙物理学者フリードマンは、一般相対性理論に基づいて「膨張・収縮する宇宙」という解を求めていました。平たくいうと、「宇宙空間そのものが時間とともに大きくなる（または小さくなる）」という意味なのですが、当時は宇宙は永遠・不変のものだという考え（定常宇宙論）が支配的だったため、特に注目されませんでした。一般相対性理論の創始者であるアインシュタインも、「理論上はあり得るが、実際には起こらない」とみなしていたようです。

そこに登場したのがこのハッブルの法則です。これはフリードマンの提唱した「膨張する宇宙」という枠組みで考えるとスッキリ理解できるものでした。

たとえ話として、次のような状況を考えてみてください。ゴム風船の表面（＝宇宙）に、等間隔に印をつけているとしましょう。息を吹き込んでゴム風船を膨らませると、印と印の間隔が広がっていきますが、元の距離が遠いほど遠ざかる速度が速いことがイメージできると思います。これがハッブルの法則のイメージです。

もう少し詳しく見てみましょう。次ページの図を見てください。風船上に引いた直線上に1㎞ずつの等間隔でA邸、B邸、C邸……が建っているとします（宇宙のたとえに使う

宇宙膨張は「風船」にたとえるとわかりやすい

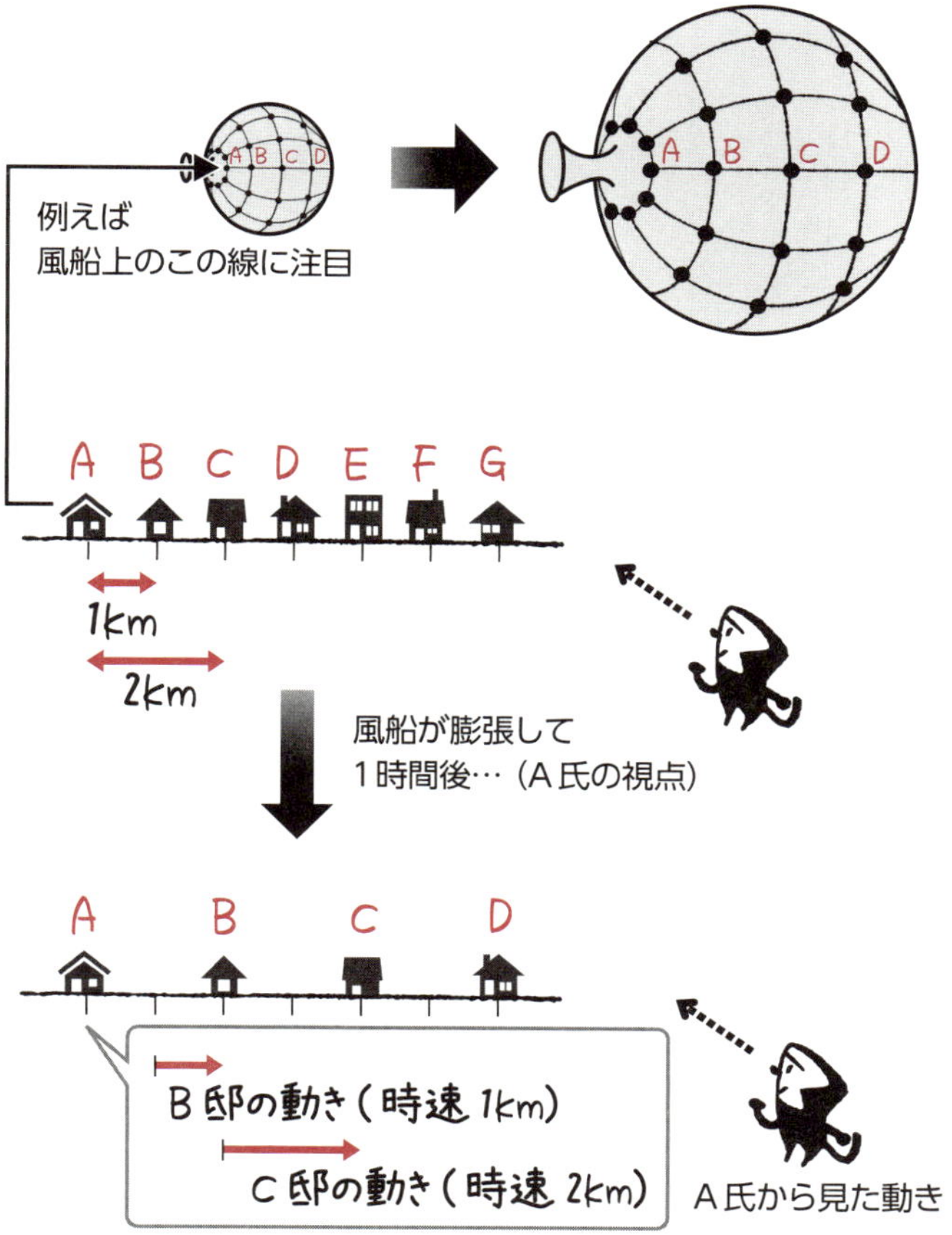

ので、大きな風船です）。家はその場に固定されているのですが、風船が膨張していくとどうなるでしょうか。

1時間後にA邸とB邸の距離が2㎞になったとすると、B邸とC邸の距離も2㎞になっています。ということは、A邸とC邸の距離は4㎞になっていますよね。つまり、A邸から見てB邸の逃げる速さは時速1㎞、C邸の逃げる速さは時速2㎞となります。これが「距離が2倍になると後退速度が2倍」という状況です。

しかもこれはB邸を中心に考えても同じことで、B邸から見るとC邸とA邸が同じ速さで逃げており、さらにD邸はその2倍の速さで逃げることになります。このように、膨張する宇宙というのは「どこか1点（地球など）を中心として広がっている」というわけではなく、宇宙全体が一様に膨らんでいるため、どこを中心にして見ても周囲のものは距離に比例した後退速度で逃げていくというわけです。

こうして、当初は「理論的にはあり得ても実際の宇宙の姿ではない」と評されていたフリードマンの「膨張する宇宙」というモデルは、ハッブルの法則の登場により一気に現実味を帯びてきました。

なお、銀河が本来の色より赤くなる現象は、当初は前述のようにドップラー効果（固定された空間の中で光源が逃げて行くことによって光の波長が伸びる現象）と考えられていましたが、いまでは「光源は空間に固定されていて、空間そのものが伸びることによって光の波長が伸びる現象」と解釈されています。これは正確には「**宇宙論的赤方偏移**」と呼ばれる現象で、ドップラー効果とは異なります（波長の伸びから後退速度を求める関係式も異なります）。

ビッグバン宇宙論へ

宇宙が膨張しているということは、過去にさかのぼると、宇宙は非常に小さかった、つまり小さい範囲に現在の多くの物質（星や銀河など）が詰め込まれていたということになります。

ということは、もっと昔には一点に宇宙が詰め込まれていて、そこから宇宙が広がり始めた……と考えることもできそうです。そのような宇宙観を「**ビッグバン宇宙論**」といいます。本書では詳しく触れませんが、現在はビッグバン宇宙論は広く受け容れられていて、ハッブルの法則はこの理論を支える大きな柱になっています。

近年は、宇宙の膨張速度は過去ずっと一定だったわけではなく、いまから数十億年前を境に減速膨張から加速膨張に転じた*ということもわかっています。

宇宙の膨張を加速させるエネルギー源はまったくわかっていませんが、便宜的に「ダー

＊2011年のノーベル物理学賞は、遠方の超新星観測により「宇宙が加速的な膨張をしている」ということを発見した研究者3名に贈られました。

クエネルギー」と名付けられています。ダークマター（第2章7節）や普通の物質の質量もエネルギーに換算して比較することができますが、そうすると何と宇宙の68％がダークエネルギー、27％がダークマター、残るたった5％が普通の物質だと見積もられています。私たちが目にしている宇宙がわずか5％しかないというのは、驚きを通り越して疑いを覚えてしまいそうです。少し目を離すと、まったく新しい驚くべき事実がわかってくるのが宇宙です。最新の観測結果、最新宇宙論から目が離せませんね。

PART 3
家電製品の「物理」なしくみを知る

01 熱力学第一法則

▼なぜエアコンで部屋が冷えるのか?

熱力学第一法則

物体の持つ熱運動の運動エネルギーは、
熱と仕事によって変化させることができ、
次のような関係式で表わすことができる。

熱運動の運動エネルギーの増加量
= 加えた熱 + 加えた仕事

熱運動の運動エネルギーの減少量
= 逃がした熱 + 外にした仕事

過ごしにくい暑い夏も、部屋の中に大きな氷を置いていたら、何だか涼しくなりそうな気がします。これは熱い空気から冷たい氷によって熱が奪われていると考えると、納得できます。

エアコンはどうかと考えてみると、奇妙な感じです。なぜなら、氷とは逆に「涼しい室内から暑い屋外へ熱が出て行く」という仕掛けだからです。なぜ、こんな不自然なことが起きるのでしょうか。

暑い・寒いを表わす「温度」とは

それを知るためには、まず「温度」とは一体何なのかを考えるほうがよいでしょう。どんな物質も「原子」という粒でできています。その原子と原子がくっついたものを、「分子」と呼びます（酸素分子など）。原子や分子は一つの場所にとどまっているわけではありません。気体や液体は飛び回っていますし、固体は振動しています。この飛び回る（または振動する）動きのことを、「**熱運動**」といいます（第1章6節でも触れました）。

そして、熱運動の〝激しさ〟を表わす数値が「**温度**」なのです。激しさというと少々あいまいなので、第2章4節でご紹介した「運動エネルギー（質量×速度の2乗÷2）」を用います。「**熱運動の運動エネルギーが大きい＝温度が高い**」ということになります。

熱力学第一法則――やかんの熱が伝わる

では、物体の温度を上げ下げするにはどうすればよいのでしょうか。以下では、説明しやすい気体を例に取り上げます。

気体の温度を上げるには、気体分子の熱運動の運動エネルギーを増やせばいいとわかります。その方法は次の2通り、①熱を加える、②仕事を加える、のどちらかです。

まず、①の「気体に熱を加える」とは、例えば室温20℃の部屋に100℃のお湯の入ったやかんを放置しておくと、やがてお湯が冷める代わりに室温が少し上がるような状況の

気体の温度を上げる2つの方法

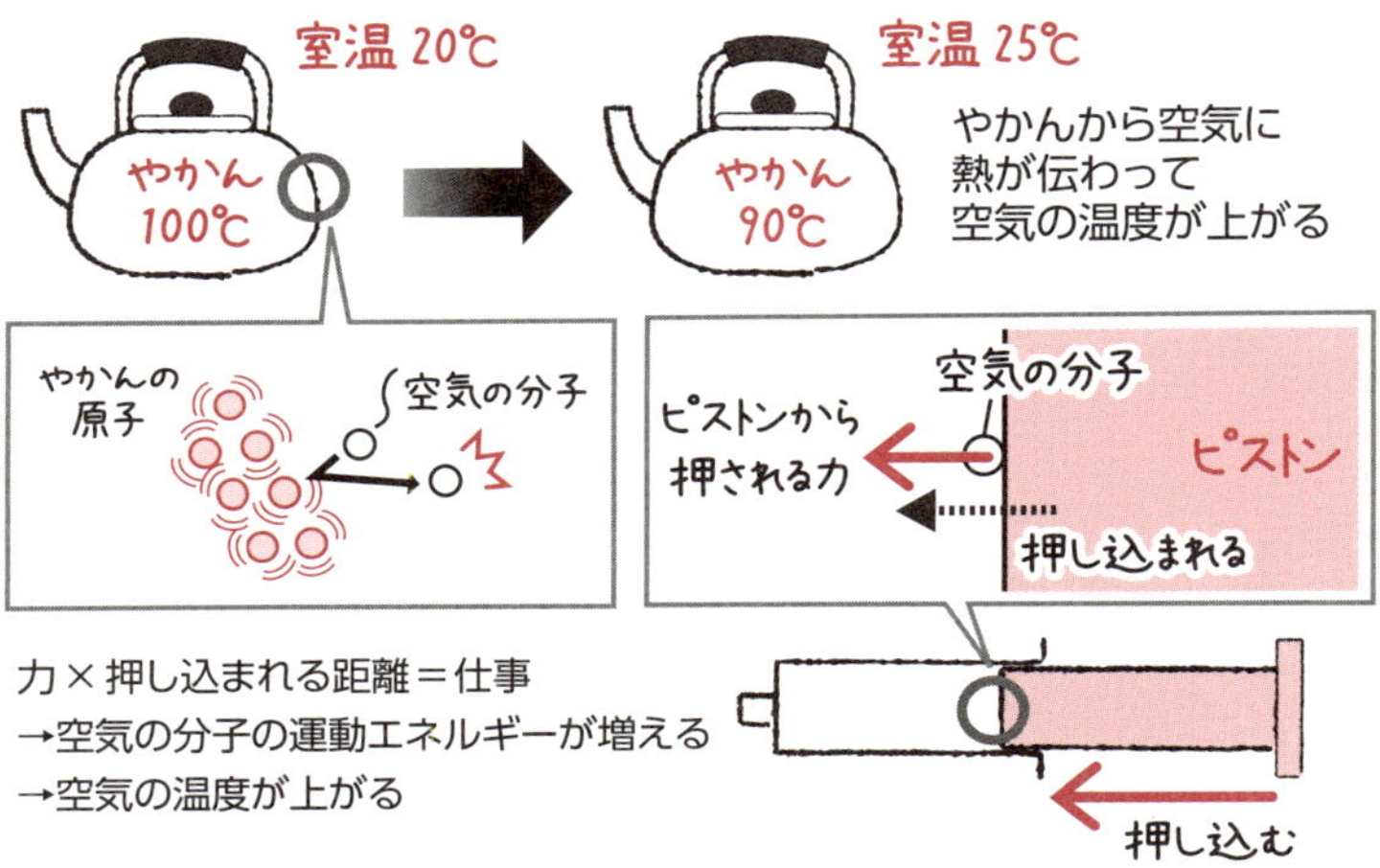

ことです。

これは次のようなメカニズムになります。100℃のやかんの原子は、20℃の空気の分子よりも激しい熱運動をしています。ですから、空気の分子がやかんに衝突するたびに、やかんの原子の熱運動の勢いは弱まり、代わりに空気の分子の熱運動が激しくなります。すごい速さで転がるボールAに別のボールBをそっとぶつけた場合に、ボールAの勢いが弱まり、ボールBの速さが増すのと同じです。

こういうことの繰り返しで、徐々にやかんの原子の熱運動は衰え、空気の分子の熱運動が活発になる、すなわち空気の温度が上がります。

このように、接触を通じて原子・分子

の熱運動の運動エネルギーが伝わっていく現象のことを「熱が伝わる」といいます。今回の例では、「やかんから空気に熱が伝わった」と表現します。

接触させるだけで熱が伝わるのは、必ず「高温物体→低温物体」にしか起こりません。ですから、冒頭でも述べたように「涼しい室内から暑い屋外へ向けて熱が移動する」というのは逆の「低温物体→高温物体」の流れなので、一見不思議なわけです。

エアコンの謎はもうしばらく置いておいて、次は②の「仕事」の話に入りましょう。

熱力学第一法則――「仕事」でエネルギーを伝える

「仕事」といっても、もちろんビジネスではありません。物理学における「仕事」とは、第2章4節で述べたように「力×移動距離」で計算されるものです。

例えば、「気体に仕事を加える」というと、注射器に空気を閉じ込めて、ピストンを押し込んでいくような現象です。注射器の場合、空気の分子はピストンから力を受けながら押し込まれるので、確かに「力を受けながら移動している（仕事を受けている）」状況になります。こうすると空気の分子の運動エネルギーが増える（つまり熱運動が激しくなる）ので、注射器の中の空気の温度が上がることになります。

この原理を利用した理科実験器具に「圧縮発火器」というものがあります。これは注射

熱を加えるか、仕事を加えるか

	熱	仕事
気体の温度を上げる	気体に熱を加える（高温物体を接触させる）	気体に仕事を加える（圧縮する）
気体の温度を下げる	気体から熱を逃がす（気体に低温物体を接触させる）	気体が外部に仕事をする（膨張させる）

器のような容器の中にティッシュペーパー（綿でもよい）を詰めて、勢いよくピストンを押し込むと、容器内の空気の温度が一気に上がるためにティッシュに火がつくというものです。にわかには信じられないかもしれないので、実際に筆者が実験した様子の YouTube 動画を参照してください*。重要なのは、外から熱が伝わらなくても、仕事を加えるだけで気体の温度は上がるということです。

以上をまとめると、気体の温度を上げるためには気体分子の熱運動の運動エネルギーを増やせばよく、そのためには、①熱を加える、②仕事を加える、の二つの方法があるということになります。

逆に、気体の温度を下げるためには、気体により低温のものを接触させて熱を逃がすか、気体を膨張させて外部へ仕事をさせればよい、ということになります。

このことをまとめた次の式を「**熱力学第一法則**」と呼

* 筆者による実験動画 https://youtu.be/H2NKfxesog8

びます。

・熱運動の運動エネルギーの増加量
　＝加えた熱＋加えた仕事
・熱運動の運動エネルギーの減少量
　＝逃がした熱＋外にした仕事

雲ができるしくみ

熱力学第一法則の実例として有名なのは、「雲のできるしくみ」ではないかと思います。水蒸気を含んだ空気の塊が上昇すると、膨張して温度が下がって雲が生じる、というのが概略ですが、もう少し詳しく見てみましょう。

まず、太陽光によって地表が温められます。すると、地表付近の空気

雲のでき方と「熱力学第一法則」との関係

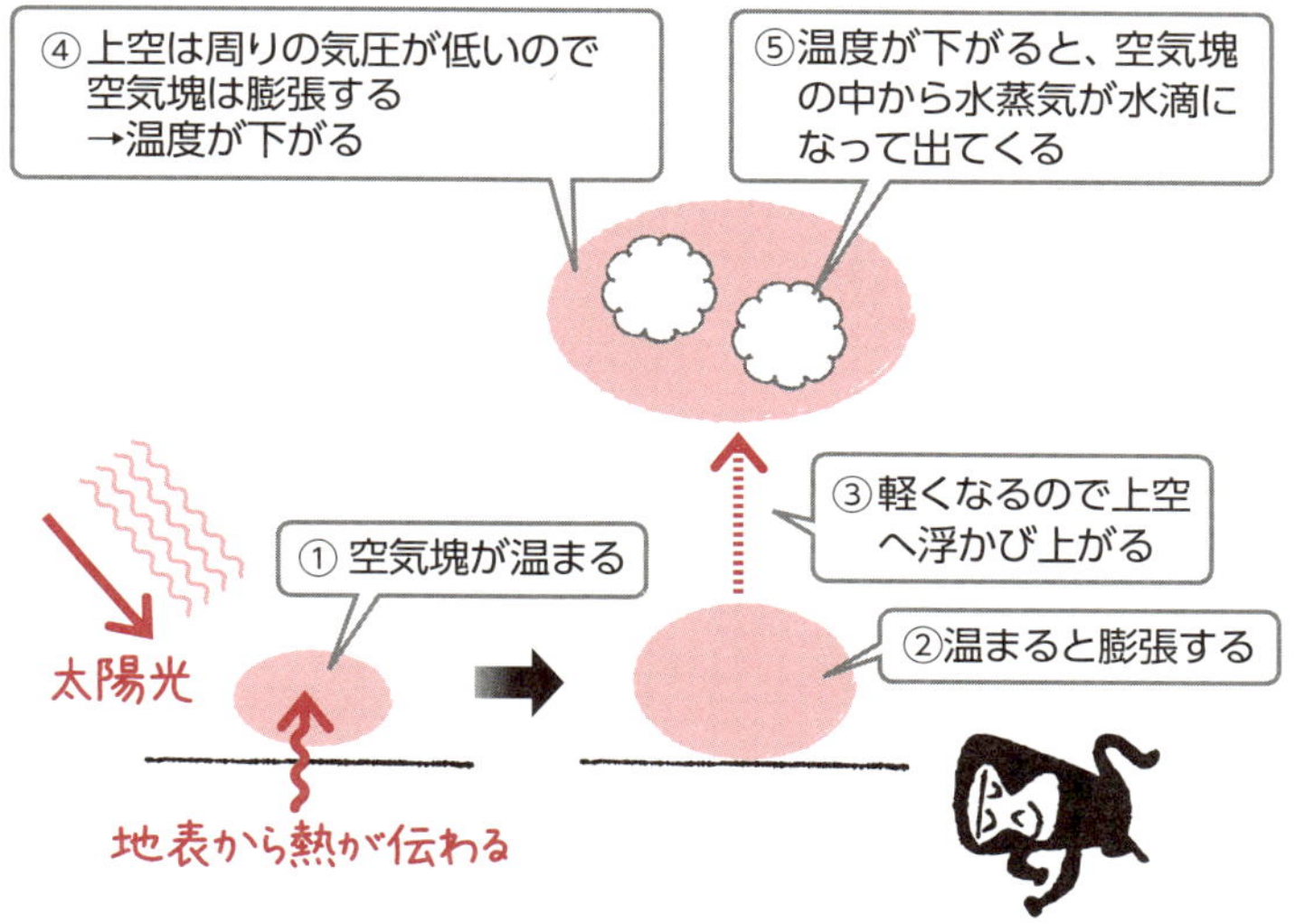

の温度が上がります。温まった空気は軽くなって上空に上がっていきます（お風呂で水面近くに温かいお湯が集まるのと同じです）。上空のほうが周囲の気圧が低いため、上昇していく空気の塊（空気塊といいます）を押さえつける力が弱くなり、結果的に空気塊は膨張します。熱力学第一法則より、気体が膨張するときは（よそから熱を加えてもらわない限り）温度が下がるので、この空気塊の温度も下がります。

空気塊の温度が下がると、空気中に含むことのできる水蒸気量が減少するので、もともと含まれていた水蒸気（気体の水）が水滴（液体の水）となって空中に現れるわけです。この水滴の集まりが雲です。

いよいよ、エアコンのしくみに挑戦！

さて、冒頭に挙げたエアコンのしくみを解明しましょう。エアコンの主役である「冷媒」と呼ばれる物質は、気体と液体を行き来するため、厳密には前に述べた熱力学第一法則の式に収まり切らない部分があるのですが、細かいことは気にせずにざっくりと理解してみましょう。

エアコンの概念図を見ると、冷媒が室内と室外を行き来してぐるぐる回っていることがわかります。室外から戻ってきた冷媒（このときは液体）は、エアコンの中の膨張弁とい

低温から高温へ？　エアコンの不思議

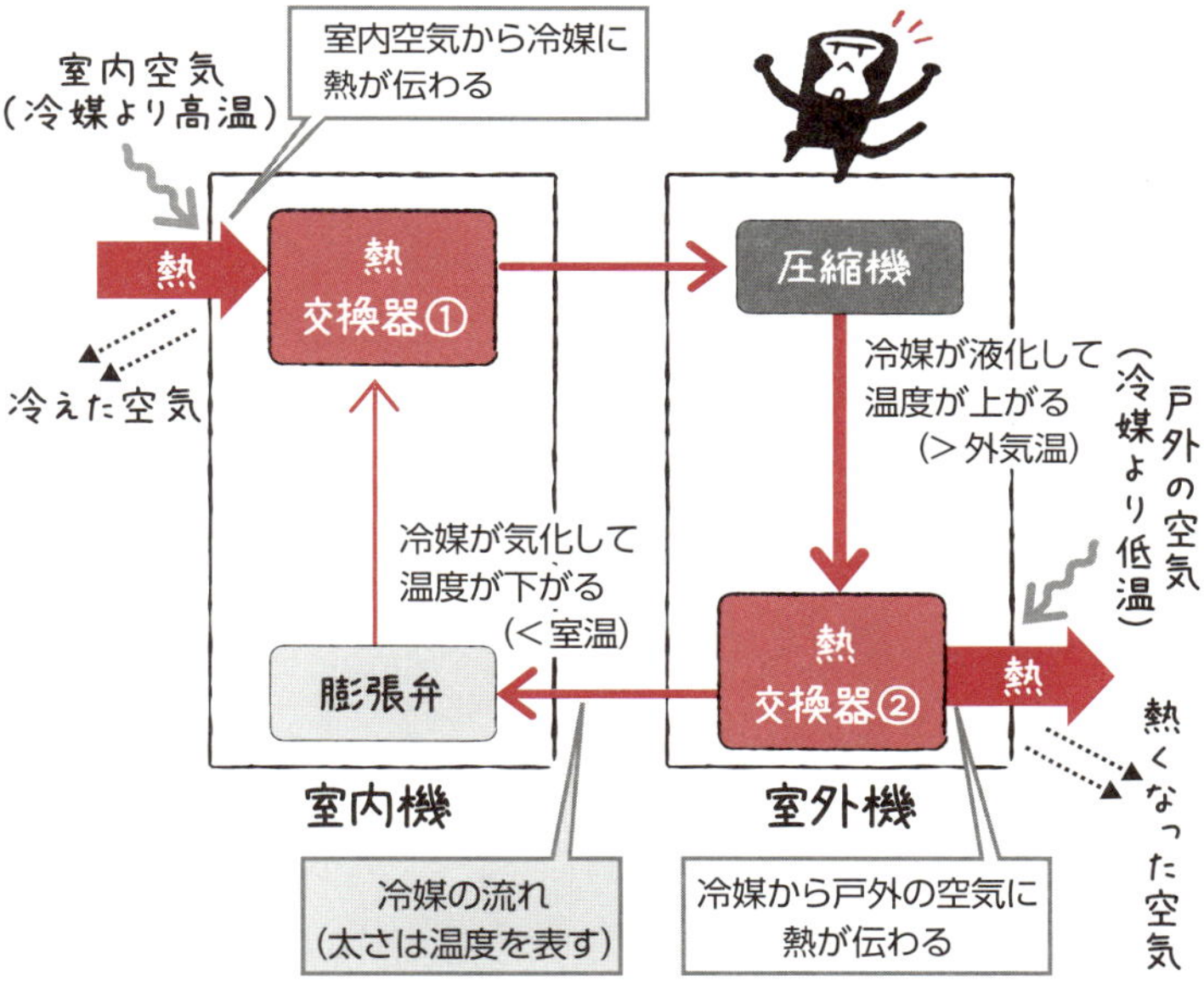

うところで一気に圧力の低い場所に放出されます。低圧の場所に置かれた液体はすぐ蒸発する性質がありますが、このとき周囲から熱を吸収します。汗が乾くと冷える現象と同じで、この熱は「**気化熱**」と呼ばれます。

　この過程で室温より冷たくなった冷媒に、室内の空気が触れます。すると、室内の空気から冷媒に向かって熱が伝わります（上図「熱交換器①」）。この現象は「温度の高いほう（室内）→温度の低いほう（冷媒）」へと熱が伝わっているだけですから、特におかしくはありませんね。

さて、熱を吸収して温度が上がった冷媒は室外機へと運ばれ、そこで圧縮されます。気体は強く圧縮すると液体になるという性質があります。さらにその際、周囲に熱が放出されます。先ほどの逆ですね。ちなみに、このとき放出される熱には「**凝縮熱**」という名前がついていますが、熱量は気化熱と同じです。要するに気体になるとき周囲から吸収した熱を、液体になるときは周囲に戻すわけです。

こうして高温の液体になった冷媒が戸外の空気（冷媒よりは低温です）に触れると、冷媒から戸外の空気へと熱が伝わっていくことになります（前ページ「熱交換器②」）。この現象も「高温側（冷媒）↓低温側（戸外）」へ熱が伝わっているだけですから、特におかしい部分はありません。

そして、少し温度が下がった冷媒は、再びエアコンの室内機へ運ばれ……とぐるぐる回っていきます。このように、途中で気化と液化という過程が含まれているので少しややこしいのですが、「冷媒を膨張させて温度を下げる」「冷媒を圧縮して温度を上げる」という点では熱力学第一法則の延長として理解できるでしょう。

室内の空気から熱を吸い取り、戸外の空気にその熱を渡す一つひとつのプロセスでは、熱は高温側から低温側に伝わっていますが、全体を見てみると「低温の室内から高温の戸

【書名】ぼくらは「物理」のおかげで生きている

◎ご購読いただき、誠にありがとうございます。
◎お手数ですが、ぜひ以下のアンケートにお答えください。

……………………… 該当する項目を○で囲んでください ………………………

◎本書へのご感想をお聞かせください

・内容について	a.とても良い	b.良い	c.普通	d.良くない
・わかりやすさについて	a.とても良い	b.良い	c.普通	d.良くない
・装幀について	a.とても良い	b.良い	c.普通	d.良くない
・定価について	a.高い	b.ちょうどいい	c.安い	
・本の形について	a.厚い	b.ちょうどいい	c.薄い	
	a.大きい	b.ちょうどいい	c.小さい	

◎本書へのご意見をお聞かせください

◎お買い上げ日／書店をお教えください

年　月　日／　市区町村　書店

◎お買い求めの動機をお教えください

1.新聞広告で見て　2.雑誌広告で見て　3.店頭で見て　4.人からすすめられて
5.図書目録を見て　6.書評を見て　7.セミナー・研修で　8.DMで
9.その他（　）

◎本書以外で、最近お読みになった本をお教えください

◎今後、どんな出版をご希望ですか（著者、テーマなど）

◎ご協力ありがとうございました。

郵便はがき

料金受取人払郵便

新宿局承認

6051

差出有効期間
平成29年8月
31日まで

1638791

999

（受取人）
日本郵便 新宿郵便局
郵便私書箱第330号

(株)実務教育出版

愛読者係行

フリガナ お名前		年齢　　歳 性別　　男・女
ご住所	〒 電話　（　　）　自宅・勤務先 電子メール・アドレス（　　）	
ご職業	1. 会社員　2. 経営者　3. 公務員　4. 教員・研究者　5. コンサルタント 6. 学生　7. 主婦　8. 自由業　9. 自営業 10. その他（　　）	
勤務先・学校名		所属(役職)または学年

この読者カードは、当社出版物の企画の参考にさせていただくものであり、その目的以外には使用いたしません。

外へ熱が伝わった」ように見えるのがエアコンの面白いところです。

なお、エアコンを暖房モードで運転する際は、冷媒の回転を逆にして戸外の熱を室内に運ぶようにします。

熱力学第一法則は、要するに「熱を加えられた物体の持つエネルギーは増える」、あるいは「仕事をした物体の持つエネルギーは減る」といった内容ですので、ダイエットとも関係のある概念です。例えば「たくさんのカロリー（熱）を摂取すると太る（体にエネルギーがたまる）」とか「たくさん運動（仕事）をすると痩せる（体内のエネルギーが減る）」などと解釈することができます。

ただ、他の人とダイエットの話をする際に（筆者のように）「熱力学第一法則に基づいて考えると……」なんてやり始めると、その場の温度が低下し、周りから冷たい視線が注がれますので、やめておくに限ります。

02

ジュールの法則

▼ノートパソコンが熱くなるしくみ

ジュールの法則

電気抵抗を電流が流れると発熱する。
その発熱量は、
一定時間内に発生する熱量
＝抵抗 ×（電流）^{2}
という関係で表わされる。

スマートフォンで動画を見ていると、だんだんと熱くなってきます。同様に、ノートパソコンをひざの上で長く使っていると、耐えがたいほど熱くなることがあります。このように、電化製品を長時間使っていて熱くなることは日常的によく経験することです。なぜ、そんなことが起きるのでしょうか。

ジェームズ・ジュールの偉大な発見

このことをきちんと実験で明らかにしたのが、イギリスの物理学者ジェームズ・ジュールでした。熱や仕事を表わす「J《ジュール》」という単位に名前が残っていることからもわかるように、彼は熱に関するさまざまな業績を残しています。

ジュールは詳細な実験を行ない、その結果を1841年に発表しました。その論文には「金属抵抗に電流を流したとき、一定の時間内に発生する熱量は、抵抗と電流の2乗の積に比例する」という表現で実験結果が説明されています。式で表現すると冒頭のような形になります。

また、この「**ジュールの法則（ジュールの第1法則ともいいます）**」は、電流と電圧に関する「**オームの法則**」を利用して書き直すことができます。オームの法則は、

抵抗にかかる電圧＝抵抗×電流

というものなので、これをジュールの法則に当てはめると、

一定時間内に発生する熱量＝電圧×電流

と書き換えられます。この式のほうが説明に都合がいいので（抵抗値を知らなくてもよいため）、以下ではこちらを使うことにします。ちなみに、このように電流が流れて発生する熱のことを「**ジュール熱**」と呼びます。

ジュールの法則の意味

どうしてこのような式が成り立つのか、雰囲気だけでも理解してみましょう。「電流が

電源と抵抗でできた電気回路をすべり台にたとえると

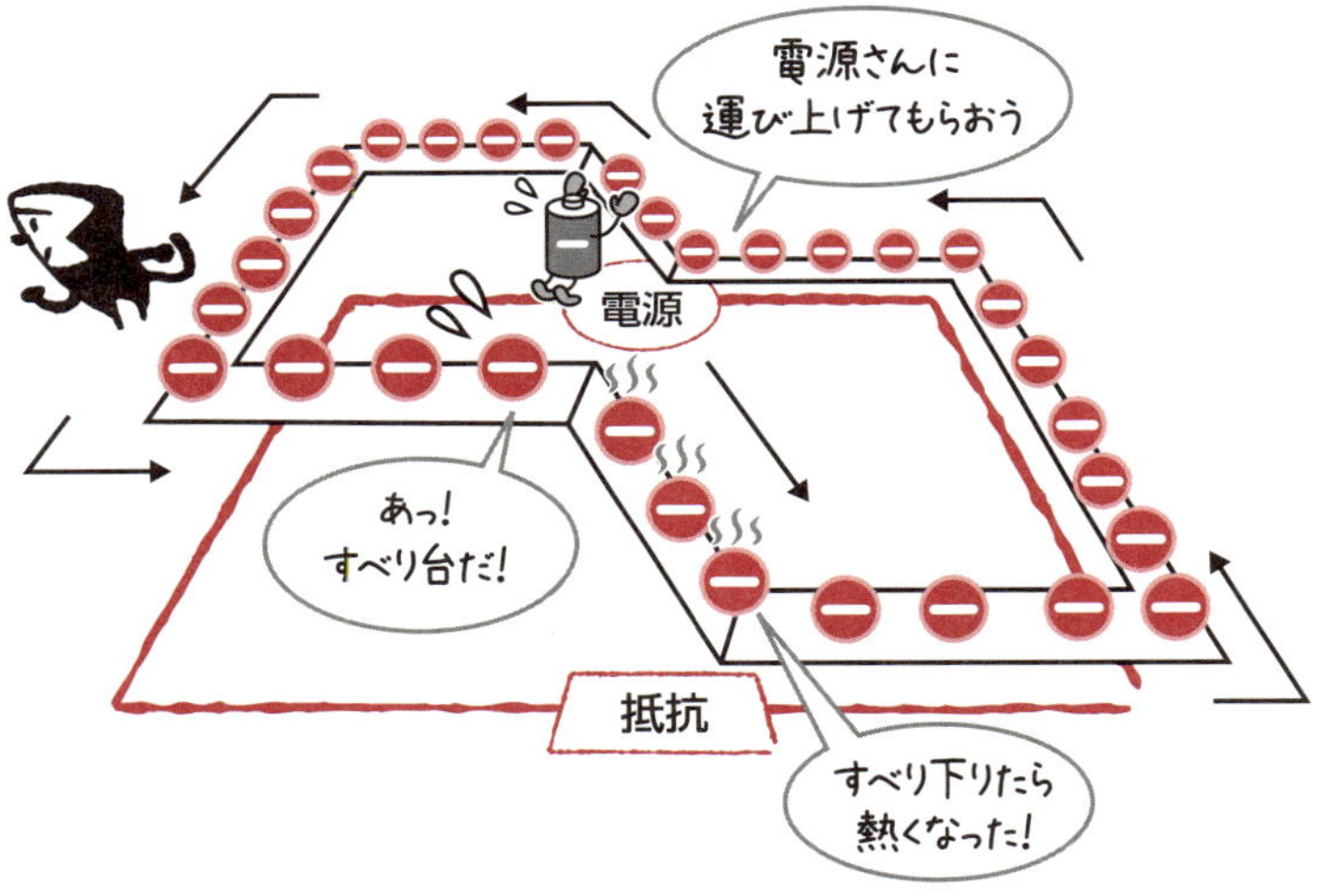

流れている」とは、導線の中を電子が動いているということです。電気回路とは、たとえるなら「電源によって高い所に持ち上げられた電子が徐々に低い所にすべり落ちて来て*、1周したら元の高さに戻っている」ようなものです。そして、その「すべり落ちる部分」が電気抵抗に相当します。すべり台をすべり落ちると摩擦でお尻が熱くなるのと同じように、電子が抵抗（すべり台）をすべり落ちるときにも摩擦のような働きがあるために「熱」が発生するわけです。これが「ジュール熱」です。

　ここで、電圧とは「すべり台の高さ」、電流とは「一定時間内にすべっ

* ここで述べたような、導線中の電子がエネルギーを運ぶというモデルには限界があることはよく知られています。ただ、電源によってエネルギーが供給されて、それが最終的に熱に変わるという点は問題ありません。

て行く電子の個数」とたとえられます。すべり台が高ければ高いほどたくさんの熱が出そうですし、すべって行く電子の個数が多ければ多いほどやはり熱が多く出ます。ですから、「すべり台で発生する熱量は、すべり台の高さや電子の個数に比例する」ということがイメージできます。そんなわけで「熱量＝電圧×電流」の式が成り立っている、と考えればよいでしょう。

熱を出す電気器具では大活躍

どのような電気回路にも多少なりとも抵抗があるので、電気器具の使用中には否応なしにジュール熱が出るものです。冒頭のスマートフォンやノートパソコンがその好例です。

一方、家電製品の中には「熱を出すこと」が主目的のものもあるので、それらの製品では積極的にジュール熱を発生させています。例えばトースター、アイロン、ホットカーペット、電気ケトルなどがそうです。

筆者が所有している電気ケトルをひっくり返してみると、「消費電力１４５０Ｗ」と書かれてありました。Ｗ《ワット》は「１秒あたりのＪ」で、この電気ケトルは「毎秒１４５０Ｊの電気エネルギーを消費してジュール熱に変える」という意味になります。

では、問題です。

「この電気ケトルで1リットルの水を20℃から100℃まで加熱するとしたら、時間はどの程度かかるでしょうか？」

次のように概算することが可能です。

①水1gの温度を1℃上昇させるには、4・2Jの熱が必要です（これを水の「**比熱**」といいます）。

②水1リットル（1000cc）は1000gなので、水1リットルの温度を1℃上昇させるには、4.2 × 1000 ＝ 4200で、4200Jの熱が必要です。

③20℃から100℃まで温度を上げるということは、温度を80℃上昇させることになります。よって、4200 × 80 ＝ 336,000で、33万6000Jが必要です。

④この筆者の電気ケトルでは毎秒1450Jのエネルギーが加えられるので、加熱が完了するまでにかかる時間は336,000 ÷ 1450 ＝ 231.7……よって約232秒、つまり4分ほど必要です。

筆者が実際に試してみると4分弱では済まず、5分弱かかりました。ジュール熱の一部は室内の空気中にも逃げていくでしょうから、概算としては妥当な範囲内でしょう。

電気回路でのヒューズの役割

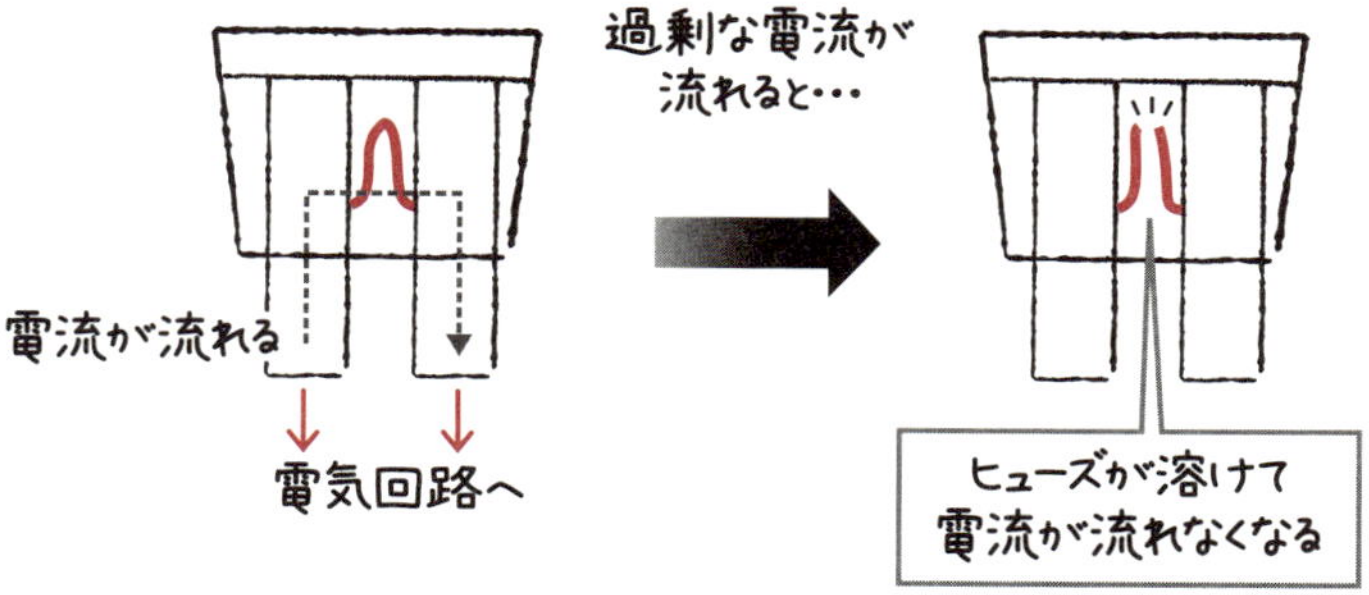
過剰な電流が
流れると…
電流が流れる
電気回路へ
ヒューズが溶けて
電流が流れなくなる

ジュール熱のちょっと変わった利用法

ちょっと変わったジュール熱の利用方法を二つ紹介しましょう。一つは「ヒューズ」です。これは電子レンジやエアコン室外機、あるいは自動車の電気回路に取り付けられている小さな金属部品で、高温になると溶けてしまいます。平常運転時は単なる導線と同じですが、電気回路の不具合などで大電流が流れると、発生したジュール熱によってヒューズがわざと溶けるようにしてあります。ヒューズが溶けると、そこで電気回路が断線したことになるので、それ以上の電流は流れず、電気回路を守ることができるというわけです。

当然、電気回路が遮断されているので、再びその電気器具を使うためにはヒューズを交換しないといけません（自分で交換できる製品もありますが、高電圧などで危険な場合は修理に出すことになります)。

もう一つは「白熱電球」です。白熱電球というのは、そもそも電気エネルギーを光に変える道具なのに、なぜあんなに熱くなるのか疑問に思いませんか? 実は「物体は、温度に応じた色の光を発する」という法則があります(プランクの法則:第3章5節)。白熱電球のような色は、数千℃の物体から発せられます。ですから、白熱電球ではまずジュール熱によってフィラメントが高温に熱せられ、そこからプランクの法則によって光が出る……というしくみになっているわけです。

白熱電球はエネルギー効率が悪いこと、二酸化炭素を大量に発生することから、2008年に政府によって生産中止の呼びかけがあり、すでに大手メーカーの生産は中止されています。ただ、白熱電球はＬＥＤや蛍光灯と比べ、自然な色合いを得られるなどの利点もあります。このため、特別な用途のための生産はまだ続いているようです。

もともとは「電子がすべり台をすべり下りてお尻が熱くなる」というのがジュールの法則でしたが、単にその熱を「何かを温める」ということに使うだけでなく、アイデア次第でいろいろな用途があるものですね。

03

ファラデーの電磁誘導の法則

▼非接触なのに電気が流れる不思議

ファラデーの電磁誘導の法則

ある面を貫く磁束《じそく》（磁力線の本数）が変動すると、その面の縁に沿って起電力《きでんりょく》が生じる。その大きさは、１秒あたりの磁束の変化量に等しい。

寒い日に会社から帰宅するところを想像してみてください。会社を出るときに社員証をピッ。駅でＩＣ定期券をピッ。帰宅しておでんを鍋に移してＩＨクッキングヒーターでグツグツ。その間に充電が切れかけているスマートフォンをワイヤレス充電器にポン。

これらのシーン、実は「ある物理法則」の恩恵をとてつもなく受けています。それがファラデーの「**電磁誘導の法則**」なのです。

磁束が変化すると、起電力が生じる

電磁誘導の法則は、「導線の近くで磁石を動かす

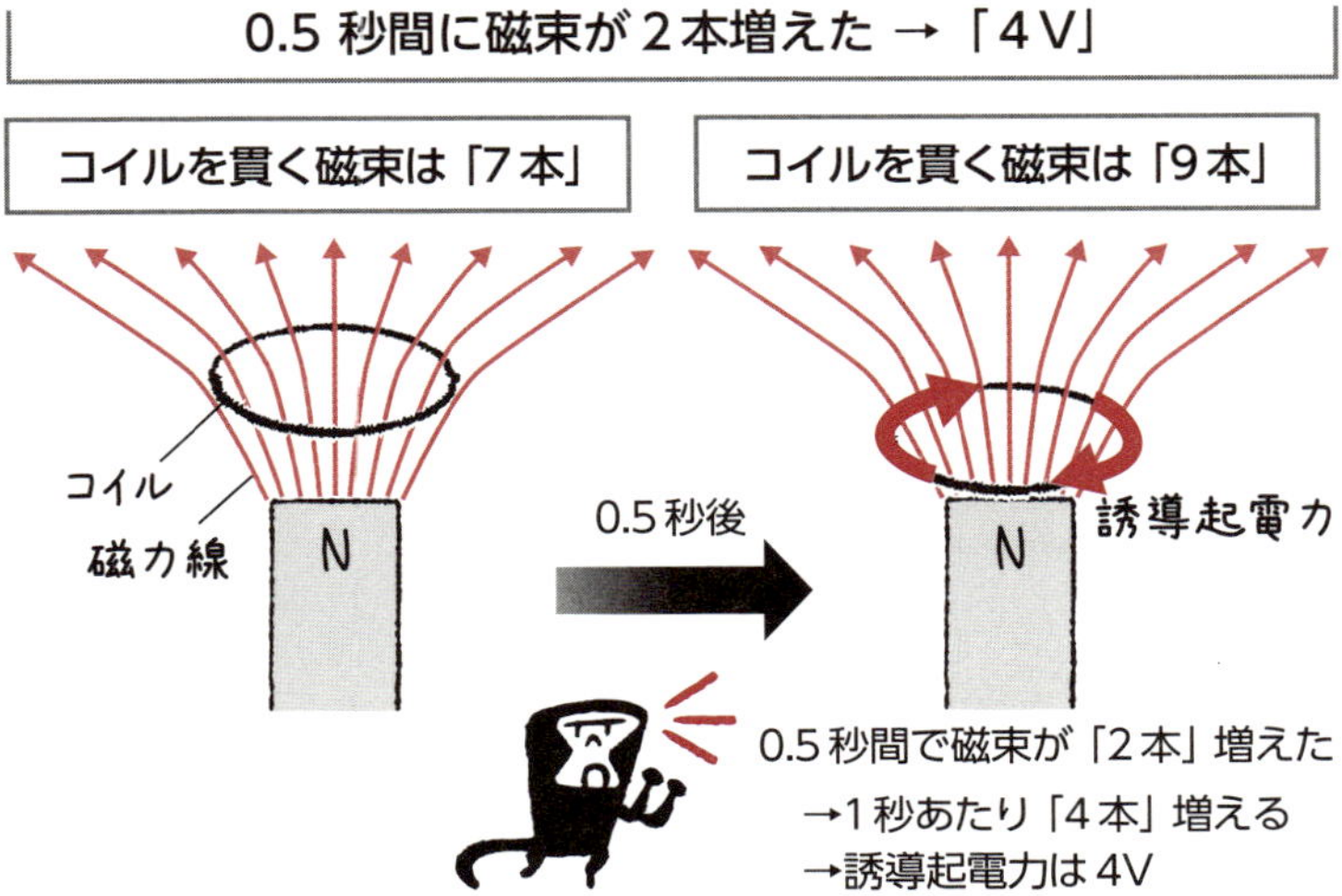

と電流が流れる、アレです」といえば思い出してもらえるのではないでしょうか。小・中学校のときに実験をした記憶が甦《よみがえ》りませんか。磁石で遊んだあの現象は実は奥が深く、その原理は次のような内容です。

まず、「ある面を貫く磁束」というものを定義します。例えば空中にひと巻きの導線（コイルといいます）があって、その近くに棒磁石が置かれているとします。棒磁石のN極が周囲に及ぼす磁力は「磁力線」という線で表現されていて、磁石に近いほど（つまり磁力が強いほど）磁力線は密集するという性質があります。そして、「コイルを通過する磁力線の本数」のことを「コイルを貫く磁束」と呼びます。

この磁束の値が変化しているとき、コイルに沿って「電流を流そうとする力」が生じます。この力を「**誘導起電力**」と呼び、それによって流れた電流を「**誘導電流**」と呼びます。

電磁誘導の法則とは、「誘導起電力の大きさは、磁束の毎秒の変化量に等しい」というものです。なお、誘導起電力の単位は「V《ボルト》」です。電池の電圧と同じ単位であることからもわかるように、電磁誘導の法則とはすなわち「コイル内の磁束が変化すれば、コイルに沿って電池の働きが生まれる*」ということを表わしています。

ですから、例えば前ページの図のように、0・5秒間で磁束（コイル内の磁力線の本数）が2本増えている場合は、1秒あたりの磁束の変化量は4本となるので、「4Vの誘導起電力が生じる」ことになります。これは磁石を動かした場合も、逆にコイルを動かした場合も同じです。

非接触ICカードのしくみ

駅の改札や会社の入り口でかざせばゲートが開く、〝あのカード〟は「非接触ICカード」と総称されますが、実は内部では電磁誘導の法則が大活躍しています。

このカードの中身は、おおまかにいって「コイルと接続されたICチップ」という構成

＊この「コイルに沿った電池の働き」はコイルがなくても生じています。第4章1節（160ページ）の式③で紹介する「磁場が変化したときにそれを取りまくように生じる電場」です。

電磁誘導を利用する非接触のICチップ

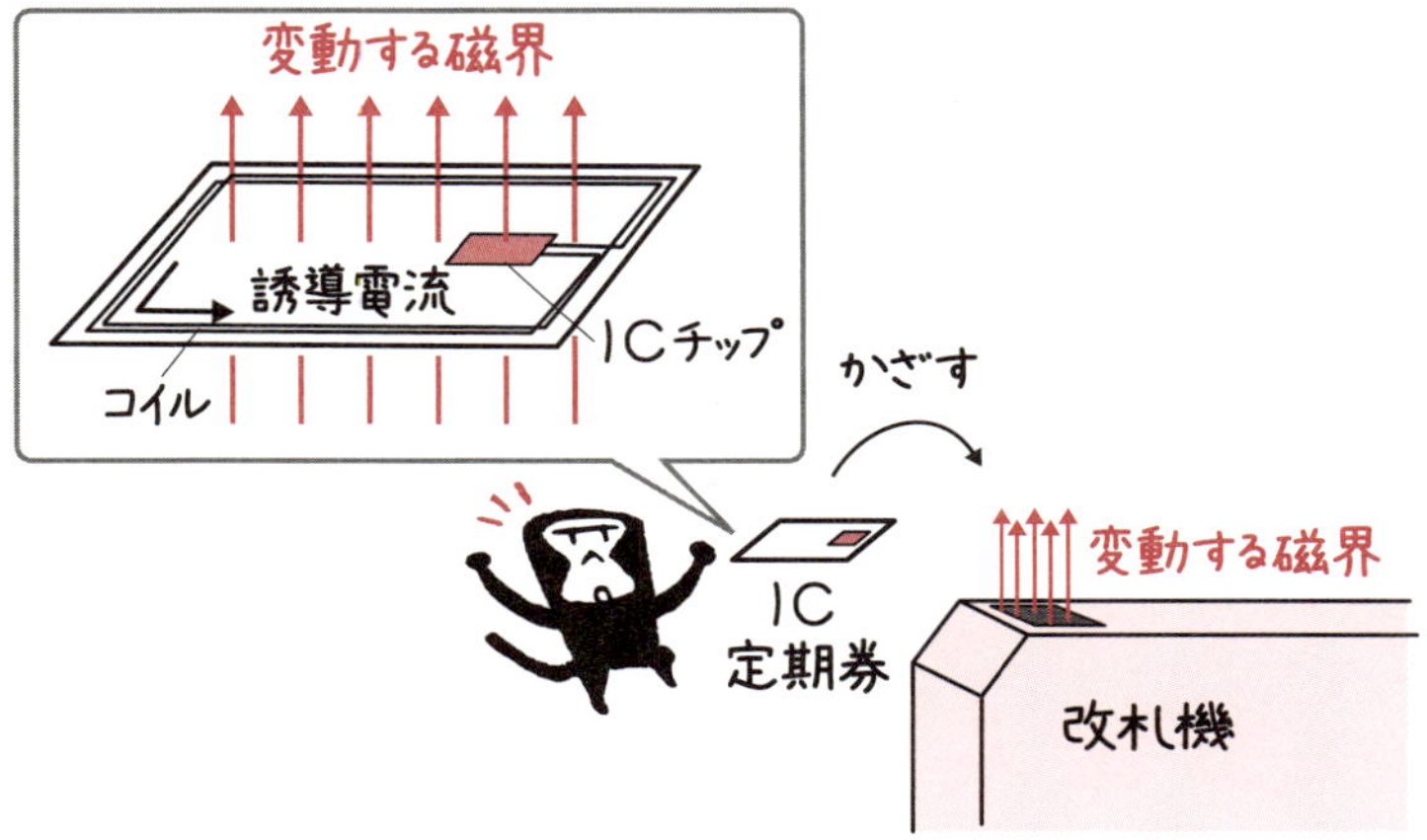

です。ICチップとは要するに「複雑な計算をするための電子回路」のことなので、電流を流してやらないと機能を発揮できません。ところが、このカードには電池がありません。電池なしで、どうやってICチップを動かすのか……。そこで登場するのが、カードをかざす「カードリーダー／ライター」です（以下、リーダー）。実はリーダーからは規則的に変動する磁界が常に出ています。そこにカードをかざすことで、カードのコイルを貫く磁束の値が規則的に変動します。ということは、このコイルに誘導起電力が発生し、誘導電流が流れます。その電流がICチップに流れ込み、所定の計算（例えばカード残高から料金を引き算するなど）が実行されるというわけです。

IH ヒーターは非接触 IC チップにしくみがそっくり

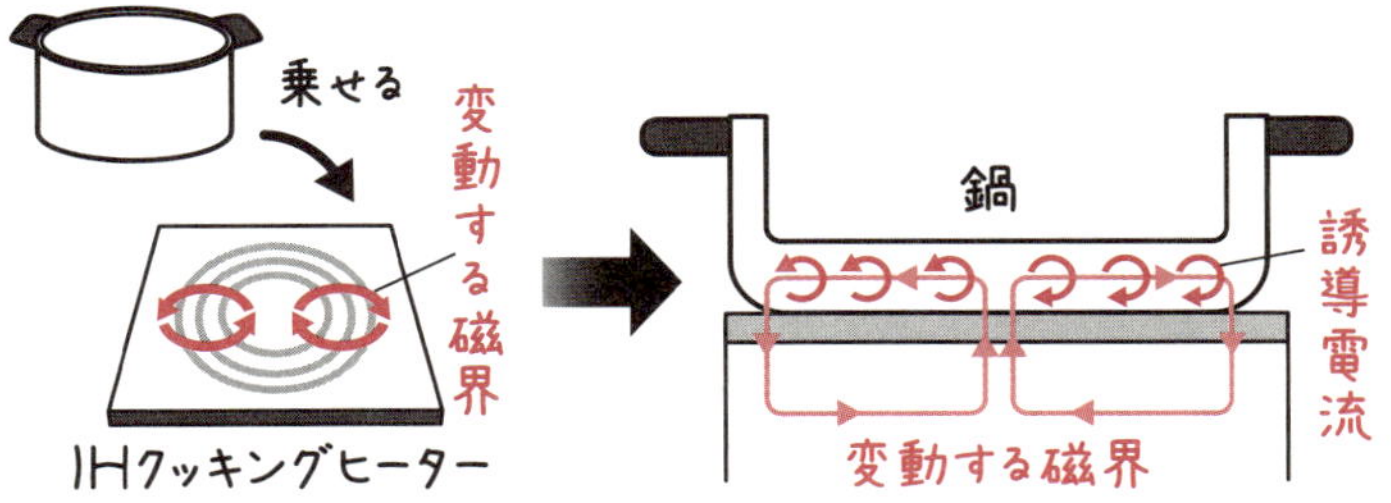

磁力線がコイルを通過しなければ電磁誘導は起こらないので、リーダーに対してカード面を平行にしなければいけない、ということもご理解いただけるのではないでしょうか。

IHクッキングヒーターやワイヤレス充電も

誘導起電力で発生した誘導電流を、「ジュールの法則」にしたがって熱（ジュール熱）に変換してやると、料理を加熱したりするのに使えそうです。そのしくみで熱を発生させているのが、ＩＨクッキングヒーターです。

ご存じの方も多いと思いますが、ＩＨクッキングヒーターはあまり熱くなりません。なぜなら、ジュール熱をＩＨクッキングヒーターで発生させているのではなく、鍋底で発生させているからです。

ＩＨクッキングヒーターからは上図のような磁界が

出ていて、この磁界が規則的に変動しています。おや、何だか非接触ＩＣカードのリーダーに似ていますね。そこに金属の鍋を置くと、鍋底を貫く磁束の値が規則的に変動するので、鍋底に誘導起電力が発生して誘導電流が流れます。なんと、非接触ＩＣカードと同じ理屈です。そして、鍋底を流れた電流はジュール熱に変換され、鍋がどんどん熱くなっていくというわけです。ちなみにＩＨとは「インダクション・ヒーティング」の略で、「インダクション」は「誘導」という意味です。つまり、ＩＨクッキングヒーターとは「電磁誘導で加熱する調理器」という意味合いです。

同じ原理で、誘導電流を熱に変換せずに電池に貯めたとすると、どうなるでしょう。そうです、充電ができます。これがスマートフォンなどのワイヤレス充電のしくみです。

このように、変動する磁界をコイル（あるいは鍋底）に加え、生じた誘導電流を計算に使えば非接触ＩＣカード、ジュール熱に変換すればＩＨクッキングヒーター、電池に貯めればワイヤレス充電器というわけです。

こんなふうに、身の周りの便利な器具にはかなり電磁誘導のしくみが採り入れられています。実は、家庭用の電気を発電するしくみも電磁誘導です。「もしや、これもそうでは？」と調べてみると面白い発見があるかもしれませんね。

04

キュリー温度

▼炊飯器でご飯が炊ける原理

キュリー温度

強磁性体は、ある温度を超えると
常磁性体に変化する。
この温度をキュリー温度という。

ハードディスク、モーター、冷蔵庫、電子レンジ等々……磁石は現代の電気器具には欠かせません。磁石の働きといえば、もちろん鉄などの材質をくっつけることですが、世の中には「磁石にくっつかなくなると作動する」風変わりなしくみを持つ器具もあるのです。

　わかりやすい例として、「炊飯器」をご紹介しましょう。炊飯器の釜底には「フェライト」という、酸化鉄を主成分とした物質が取り付けられています。これは、鉄などと同様に磁石にくっつく性質がある物質です。炊飯中は磁石がフェライトにくっついていますが、炊飯が終わるとフェライトから「磁石にくっつく性質」が失われて、磁石が外れてしまうのです。磁石が外れれば炊飯終了の合図となります。これが炊

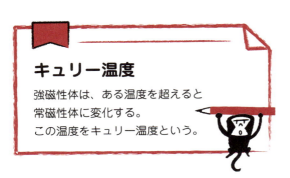

飯器の原理です。なぜ、フェライトは磁石から離れてしまうのでしょうか。

物質の持つ3つの「磁性」とは

物質をつくっている原子一つひとつは、いわば方位磁針のように小さな磁石の性質を持っています。このことを指して「**原子磁石**」と呼ぶこともあります。原子は温度に応じてランダムに熱運動をしているので（第1章6節）、原子磁石の向きも通常はランダムになっています。そこに外部から磁石を近づけると、原子磁石の向きがサササッと揃うような気がしますが、必ずしもそうなるわけではありません。外部から磁石を近づけたときの原子磁石の代表的な反応として、「常磁性」「強磁性」「反磁性」の3パターンがあります。

「**常磁性**」とは、外から磁石を近づけると、その磁石の出す磁力線と同じ向きに原子磁石の向きが多少揃う性質です。アルミニウムやマンガンがこの性質を持っており、「常磁性体」と呼ばれます。近づけた磁石と原子磁石の向きが多少揃っているので、常磁性体は磁石にほんの少しだけ引き寄せられます。ただ、この力はとても弱く、一般的には常磁性体は「磁石にくっつく」とはいいません。非常に注意深く実験すれば、アルミニウムでできた1円玉が磁石に引き寄せられる様子も観察できますが、とても磁石にくっついたとはいえないレベルです。

常磁性、強磁性、反磁性の違い

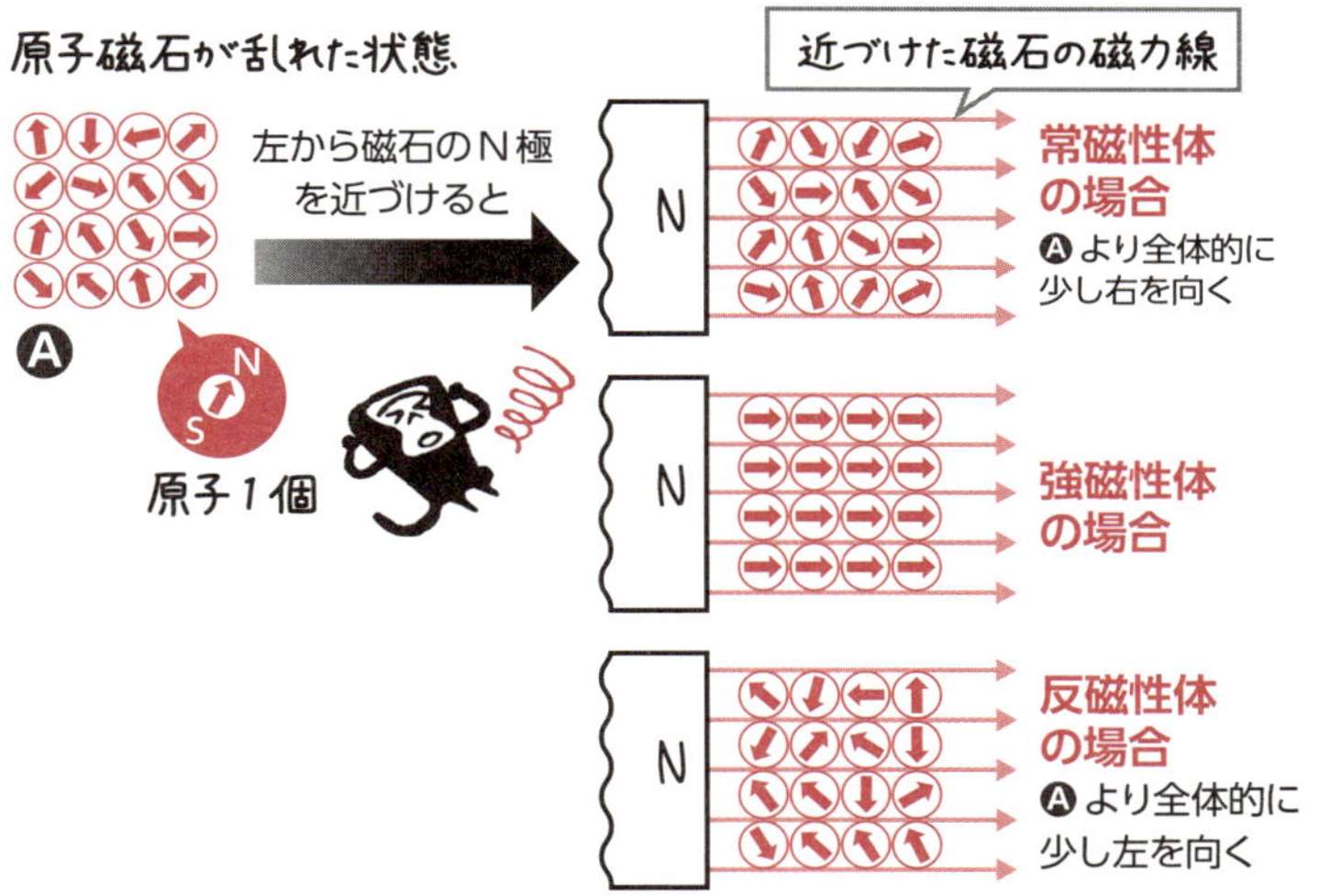

「**強磁性**」とは、外から近づけた磁石の磁力線と同じ向きに、原子磁石がビシッと揃う性質です。鉄、コバルト、ニッケル、フェライトなどがこの性質を持ち、「強磁性体」と呼ばれます。原子磁石がビシッと揃っているときは、強磁性体自身が強い磁石になったようなものなので、近づけた磁石に引き寄せられます。鉄などが磁石にくっつくのはこういう原理です。

ちなみに、強磁性体に近づけた磁石が十分に強い場合は、その磁石を取り去っても原子磁石が揃った状態が持続するようになります。こうなった強磁性体を「永久磁石」と呼びます。百均ショップなどで普通に手に入る磁石のことです。

「**反磁性**」は、常磁性の逆で、外から近づけた磁石の磁力線の逆向きに原子磁石が多少揃う性質です。銅、銀、金、水、グラファイトなどがこの性質を持っています。このような物質（反磁性体）は、磁石から弱い反発力を受けます。この反発力も弱いのでなかなか観察しにくく、日常的に気づくことは少ないと思います。

強磁性体は高温になると性質が変わる

強磁性体の温度が上がると、原子の熱運動が激しくなります。熱運動は特別な方向のないランダムな運動なので、温度が上がると、外部から磁石を近づけた際に原子磁石が揃いにくくなってきます。そして、ある温度を超えると外部から磁石を近づけても原子磁石があまり揃わなくなり、常磁性へと性質が変わってしまいます。この温度のことを「**キュリー温度**（あるいはキュリー点）」と呼びます。

キュリー温度は物質によってさまざまで、例えば鉄なら約770℃、ニッケルなら約350℃のように決まっています。ですから、例えば磁石にくっつけた鉄製のクリップをガスバーナーで770℃まで加熱すると、クリップ（鉄）が常磁性体に変わるので磁石にくっつかなくなります。加熱をやめてクリップの温度がキュリー温度以下になると、再び強

炊飯器では磁石のキュリー温度の差を利用している

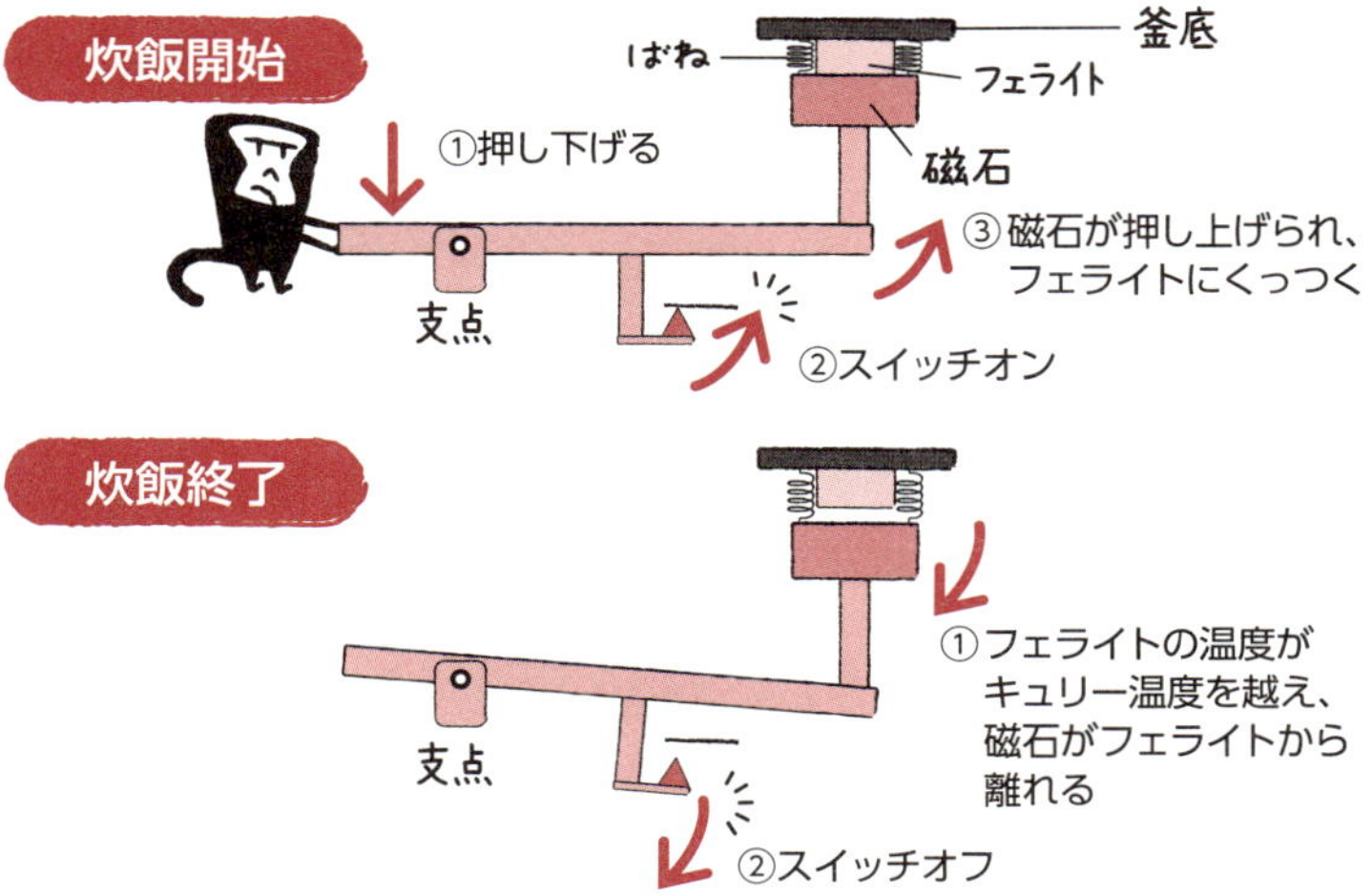

磁性体に戻り、磁石にくっつくようになります。

この実験を試す場合は、磁石はできるだけ加熱しないようにしてください。磁石自身の材質のキュリー温度を超えると、磁石が常磁性体になってしまって磁力を失う*からです。

炊飯器が加熱をストップするしくみ

冒頭に紹介したように、一部の炊飯器は釜底にフェライトを取り付けてあり、そこにスイッチとつながった磁石をくっつけるしくみになっています（上図参照）。炊飯中は釜の中に水があるので、釜の温度は１００℃までしか上昇しません。しかし、

＊磁石をキュリー温度以下に戻すと「強磁性」は復活しますが、磁力は戻りません。原子磁石の向きが乱れてしまっているためです。失われた磁力を元に戻すためには、別の磁石で磁力をつけてやる必要があります。

炊飯が進んで水分がなくなると、釜の温度が１００℃を越えて上昇するので、頃合いを見て加熱のスイッチを切る必要があります。

そこで役に立つのが、フェライトのキュリー温度です。フェライトは、材料の配合によってキュリー温度をいろいろな値にできるので、ちょうどよい頃合いにフェライトが強磁性を失うようにキュリー温度を設計しているものと思われます。釜底の温度が所定の値になったときにフェライトから強磁性が失われ、バネの力によって磁石が離れ、加熱のためのスイッチが切れる*という塩梅です。

このような、強磁性という性質を「失わせることで機能を発揮する」というアイデアはとてもユニークですね。

＊磁石のキュリー温度は、フェライトのキュリー温度よりもずっと高い値と思われます。こうしておけば、温度がフニライトのキュリー温度を越えても磁石のキュリー温度には達さないので、磁石の磁力は失われずに済みます。

05

プランクの法則

▼色から温度がわかれば遠くの恒星の温度もわかる！

プランクの法則

すべての光を反射せずに吸収する物体（黒体）は、温度に応じて電磁波を放射する。温度が高いほど、スペクトルのピーク波長は短くなり、強度は大きくなる。

液晶モニターやプロジェクターの色調を調整しようとすると、「色温度」という項目が出てくることがあります。まさか色に温度があるわけでもなし、さて、どういうことかというと、こんなところにも物理の法則が隠れているのです。

色は温度に応じて変わる

世の中の物体はそれぞれ色を持っています。色はずっと変わらないと思いがちですが、製鉄の現場では昔から「温度によって色が変わる」ということが知られていました。鉄鉱石を溶鉱炉で加熱して溶かすと、温度が低いうちは赤っぽい色をしているのが、

溶鉱炉と黒体がほぼ同じであることを示す概念図

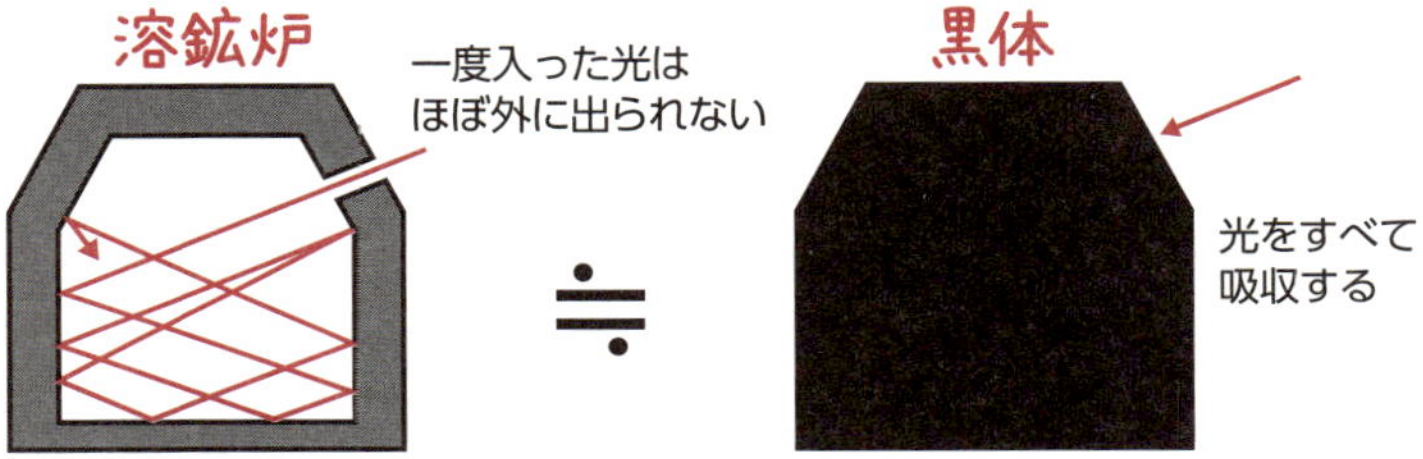

温度が高くなるにつれて少し黄色っぽくなっていく、といった具合です。昔は温度と色の関係がよくわかっていなかったため、溶鉱炉の小さなのぞき窓から漏れ出る光を見て、職人がカンで温度を判断していたそうです。

しかし、これではやはり不便です。そこで何人もの科学者がこの問題に取り組みました。温度と色の関係を知るために、もともと色の付いていない物体、すなわち真っ黒な物体が放射する光についての研究が行なわれました。「真っ黒なのに光を出すのか？」という声が聞こえてきそうですが、真っ黒というのは「外から浴びた光を一切反射しない」という意味であって、温度を上げたときに何らかの光を発するということはあり得るのです（溶けた鉄のように）。

受けた光をすべて吸収する、この「真っ黒な物体」のことを専門用語で「**黒体**《こくたい》」といいます（現実には完全な黒体は恐らく存在しませんが、炭などがわりと黒体に近い性質を持っています）。

また黒体が出す光のことを「**黒体放射**」といいます。ちなみに溶鉱炉のように、容器の大きさに対して非常に小さな穴しか空いていない場合は、一度その穴から入った光はほぼ外に出ることができません。したがって、溶鉱炉はほぼ黒体*とみなすことができます。ですから、黒体放射の研究結果はそのまま溶鉱炉の光に適用できます。

実験結果をうまく再現したプランクの法則

黒体放射のスペクトル（波長ごとの放射エネルギー）の測定結果をうまく再現するために、「ウィーンの法則」や「レイリー・ジーンズの法則」が提案されましたが、どちらの法則も狭い波長領域でしか実験結果を再現できませんでした。

最終的に実験結果をうまく再現できたのは、ドイツの物理学者マックス・プランクが1900年に発見した「**プランクの法則**」でした。式で表わすと少々大変なので、グラフでおおまかに雰囲気をつかんでみましょう。

次ページの図のように、温度によってスペクトルの形が違います。主に二つの特徴があります。一つは、温度が高くなると、スペクトルのピーク（放射エネルギーが一番大きくなる波長）が短波長側にずれていくという点です。これは、溶鉱炉の特徴（温度が低いと

＊小さな穴の空いた容器（溶鉱炉など）の中に充満した光は、専門用語では「空洞放射」と呼ばれ、黒体放射とほぼ同じ意味で扱われます。

温度と放射エネルギーの関係

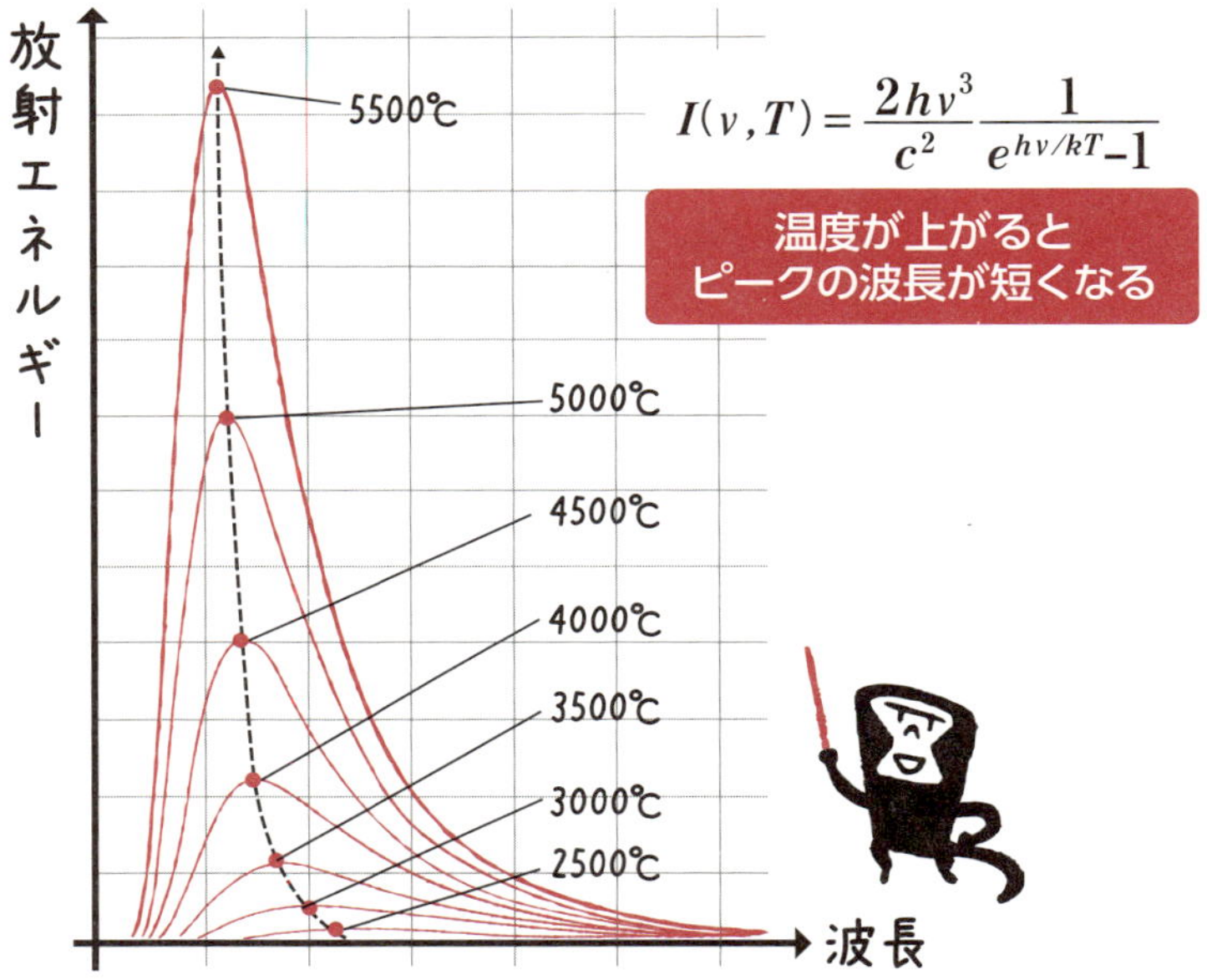

きは波長の長い赤色が多く出て、温度が上がると波長の短い黄色に色が変わってくること）をよく表わしています

もう一つは、温度が高くなると放射エネルギーが大きくなっていくという点です。

光の色から温度がわかる

現実世界には完璧な黒体はありませんが、逆にすべての光を反射するような物体もありません。つまり大なり小なり、あらゆる物体は黒体のような性質を持っているといえます。このように考えると、物体が放射している光の色を測定してやれば、物体の温度がある程度推測できることになります。溶鉱炉の光の色から温度を推測するのと同じです。

例えば、太陽などの星はほぼ黒体とみなすことができます。ですから、星の色を見れば（具体的には、星の光のスペクトルを観測すれば）星の「表面温度」がわかります。ベテルギウスのように赤っぽい星は温度が低く（２０００~３０００℃ぐらい）、太陽のように黄色っぽい星は中ぐらい（６０００℃程度）、リゲルのように青っぽい星はもっと高温（1万℃程度）となります。白熱電球のフィラメントからの発光も同様です（第3章2節）。もっと温度が高く、例えば１０００万℃くらいになると、黒体放射のピークは可視光線よりずっと短いX線あたりになります（可視光線もX線も「電磁波」という波の仲間：第1章1節）。

よく知られる「液晶モニターの色温度」はこの逆で、モニターの色合いを決めるために温度の数値を設定するものです。設定した温度の黒体放射で出てくる光の色合いで、モニターに映像が表示されます。ですから、色温度を高めにすると画面は青っぽくなり、色温度を低めにすると画面は赤っぽくなります。

サーモグラフィーのしくみ

また、黒体放射の「温度が高くなるほど明るくなる」という性質を用いると、明るさ（自分から見たときの一定の広さあたりの明るさ）から温度を知ることができます。

こういうしくみの機器の例として「サーモグラフィー」があります。テレビ番組などでときどき紹介されますが、サーモグラフィーを人体に向けると、温度の高い場所が赤、温度の低い場所は青というように色分けして表示されます。

もちろん人体が赤い光や青い光を出しているわけではありません。一般的に人体の表面温度は35℃程度ですが、このぐらいの温度での黒体放射のピークは可視光線より長く、赤外線のあたりに来ます（可視光線も赤外線も「電磁波」という波の仲間です）。

つまり、人体からは主に赤外線が放射されているわけです。サーモグラフィーは、その赤外線の強度を測定して、明るさに応じて温度を決め、画面上に色で表示しています。

このように、すべてのものは温度に応じて光（電磁波）を放射するので、プランクの法則はかなり身の周りにあふれています。実は、プランク自身も気づいていなかったようですが、この法則は後の「量子力学」の幕開けへとつながったのです。

06

トンネル効果

▼フラッシュメモリにも使われる量子力学の原理

トンネル効果

電子などの粒子は波の性質を持つ。エネルギー的に越えられない壁があったとしても、壁の向こうにこの波がはみ出している場合、ある確率で粒子は壁を越えることができる。

日常的なデータの受け渡しに便利なUSBメモリ、デジカメやスマートフォンの記憶媒体としてよく使われるSDカード。このありふれた機器の中で、何とも摩訶不思議な「量子力学ワールド」が繰り広げられています。その名も「**トンネル効果**」と呼ばれる現象ですが、一体どのようなものなのでしょうか。

電子は粒であり、波でもある？

USBメモリやSDカードなどを総称して「フラッシュメモリ」と呼びます。フラッシュメモリ内の主役は電子です。そこでまず、電子の持つ二面性について詳しく述べましょう。以下のようなことが、

二重スリットの実験

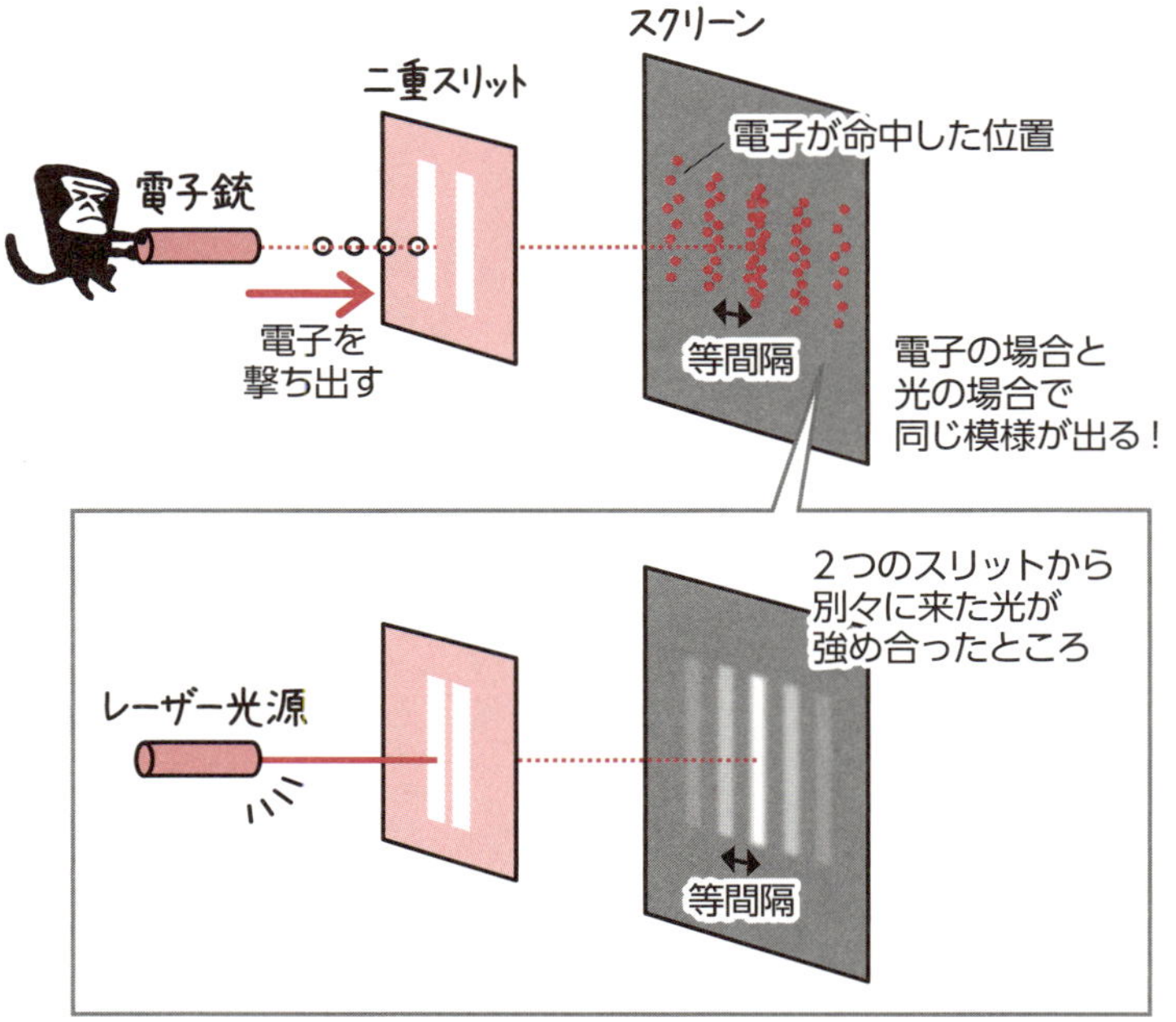

量子力学の枠内で理解されています。

まず「電子は粒である」と聞いて疑いを持つ人はほとんどいないと思います。中学の理科や高校の物理・化学の時間で、「電子はマイナスの電気を持った軽い粒子」と学ぶからです。ところが、「電子が波の性質を持つ」ということを示す実験結果がたくさんあるのです。有名なものとしては、上図に示した「二重スリットの実験」です。

電子を撃ち出す「電子銃」の前に、わずかに離れた二つのすき間（二重スリット）を持つ壁を置き、その先にスクリーンを設置します。電子がスクリーンに命中すると、そこに小さな「痕」がつくという実験です。

では、電子を二重スリットに向けて多数発射すると、スクリーン上にはどのような模様ができるでしょうか。普通に考えると、電子の命中箇所はスリットの後ろ側の2箇所に集中し、スリットと同じ形の模様ができると考えてしまいます。ところが、実際にはスリットとスリットの間に最も多数の電子が命中し、さらにそこから等間隔の縞模様《しまもよう》が広がるのです。

これとまったく同じように、二重スリットに向けてレーザー光を照射した場合にも縞模様が見られます。この現象は左のスリットを通った光と右のスリットを通った光が重なり合って、強め合ったところが明るく、弱め合ったところが暗くなっているのだと理解できます（第1章1節で述べた「光の干渉」そのものです）。

電子でも同じ模様ができたということは、「電子は波である」ということを意味するのでしょうか。電子はマイナスの電気を持っているので、飛行中の多数の電子どうしが反発力を及ぼし合ってたまたまこのような模様ができているのでは……という疑いは当然ありましたが、「電子を1個ずつ発射し、スクリーンに命中してから次の電子を発射する」と

電子が壁をすり抜ける「トンネル効果」

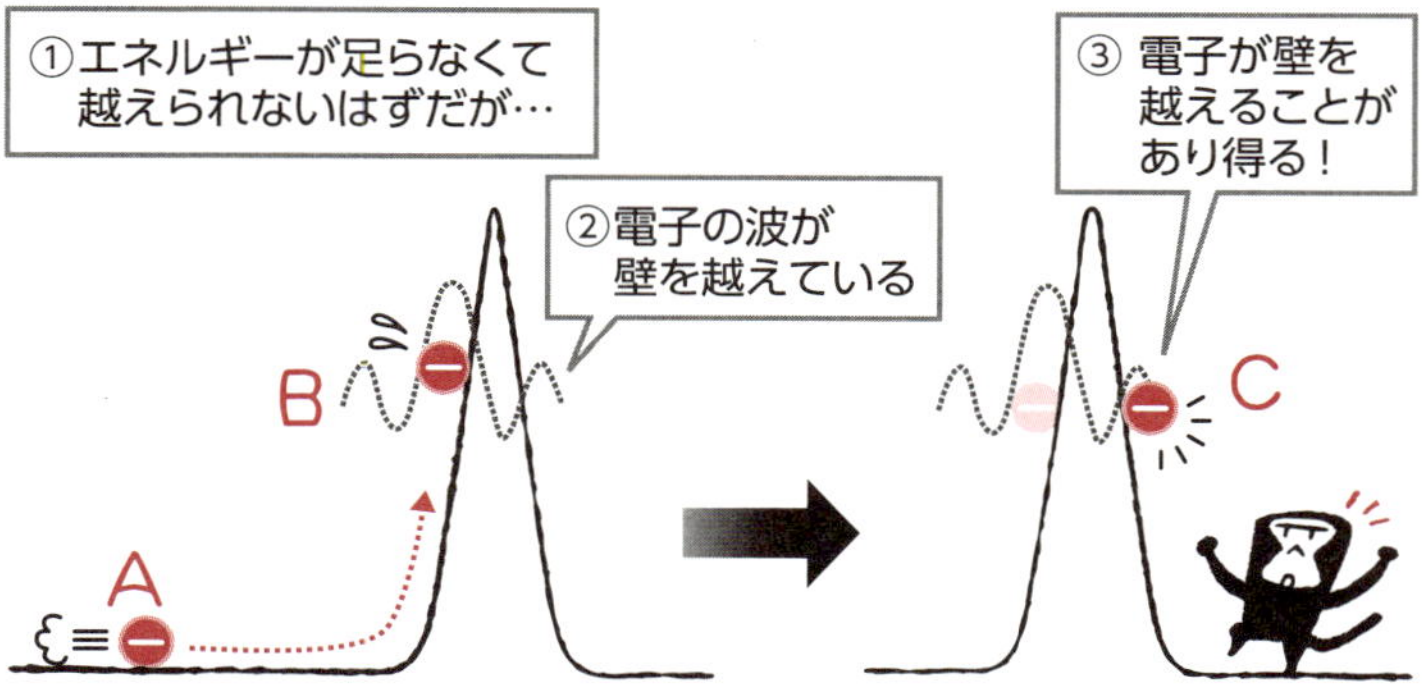
①エネルギーが足らなくて
越えられないはずだが…
②電子の波が
壁を越えている
③ 電子が壁を
越えることが
あり得る！
A
B
C

いう実験でも、結果はまったく同じでした。つまり、「電子は1個でも波の性質を持っている」ということになります。

この「電子の波」は、「振幅の大きいところに電子が存在する確率が高い」という性質があります。先ほどの二重スリットの実験でも、二つのスリットを通過した「電子の波」が強め合うところ（振幅が大きくなるところ）に電子がたくさん命中していました。これは、波が強め合うところに電子が存在する確率が高いからです。なお、電子以外の粒子（陽子や中性子など）も同様に波の性質*を持ちます。

電子は高い障壁もすり抜けられる！

波の性質によって、電子が「高くて越えら

＊電子の波は空間的な広がりを持っていますが、スクリーンへの衝突などの観測行為を行なうと、電子の存在位置が空間上の１点に確定します。波の振幅が大きい位置に電子が観測される確率が高いのです。

トンネル効果を利用したフラッシュメモリ

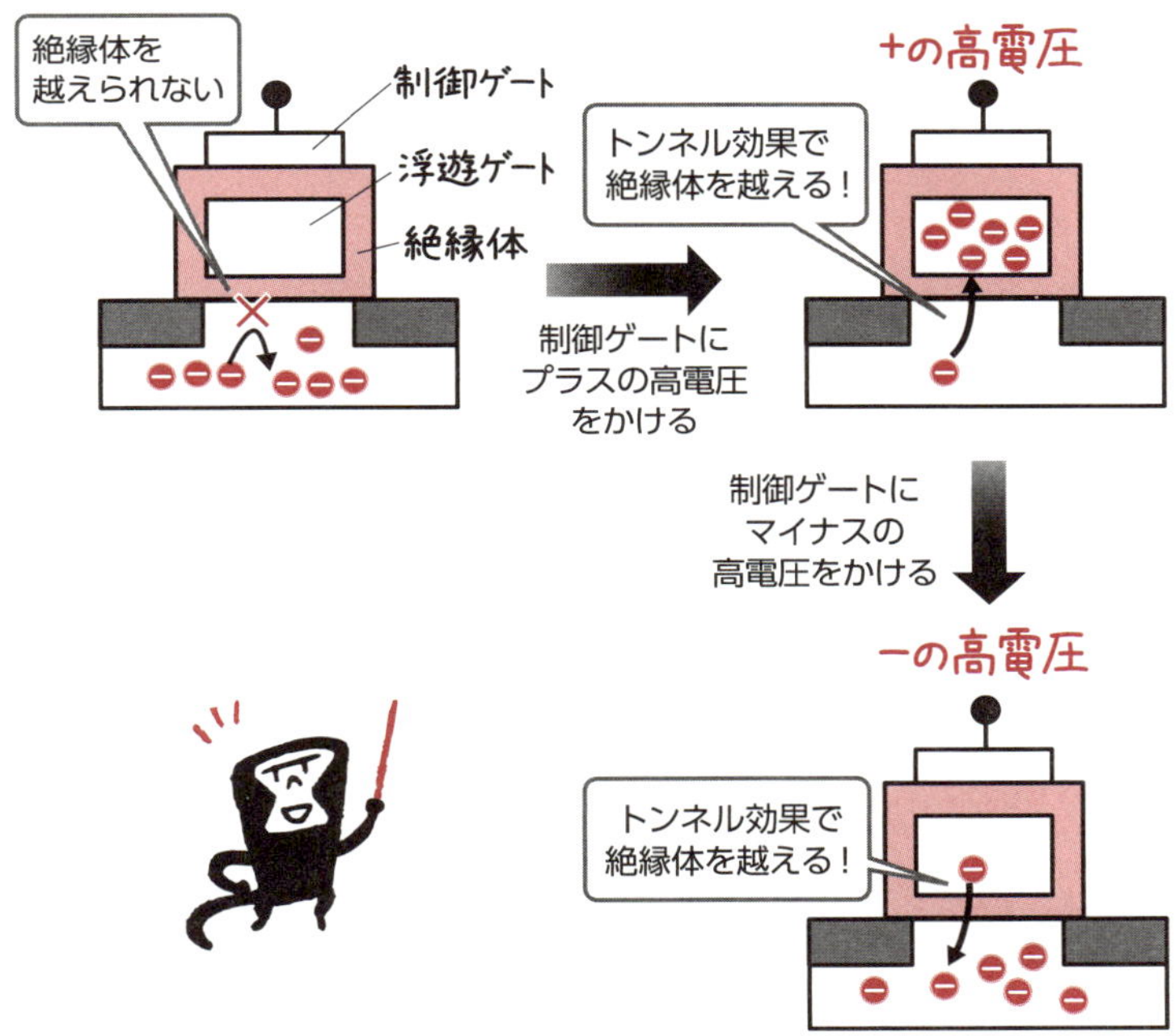

れないはずの壁をすり抜ける」という驚くべき現象が起こります。前ページの図に示すように、通常ならエネルギーが不足してA～Bまでしかかけ上れない物質であっても、電子の波が壁の向こう側に少しはみ出している場合があります。すると、あるとき電子が壁の向こう側（C）にスッと現われるのです。この現象を「**トンネル効果**」といいます。

フラッシュメモリの中

でも同じことが起きています。フラッシュメモリ内でデータを保持する部分には、半導体基板の上に絶縁体にくるまれた「浮遊ゲート」と呼ばれる部分があり、その上の「制御ゲート」にかける電圧をコントロールするしくみになっています。

基板内にある電子は、通常はこの絶縁体を越えることはできません。しかし、その上にある制御ゲートに高いプラスの電圧をかけると、トンネル効果が起こって電子は浮遊ゲート内にスッと入り込みます。その後、電圧を切ると、電子は浮遊ゲートから出ることができないので、情報は保持されたままです。電子を逃がしたい場合は、制御ゲートに高いマイナスの電圧をかけることで再びトンネル効果を起こせばよいのです。

通常、浮遊ゲート内に電子がある状態を「0」、電子が存在しない状態を「1」に対応させて情報を記録します。このように、電圧をかけることによって浮遊ゲート内の電子をコントロールすることで、情報を書いたり消したりします。また、電圧を切ると電子はその場に留まりますから、情報は保持されたままです。このようにしてフラッシュメモリは記憶媒体の役割を果たすわけです。

量子力学というと、日常生活には無関係と思いがちですが、フラッシュメモリをはじめ、ＩＣチップなどの半導体回路を含む多くの家電の中で活躍しているのです。

PART 4

ぼくらのインフラを支えている「物理」

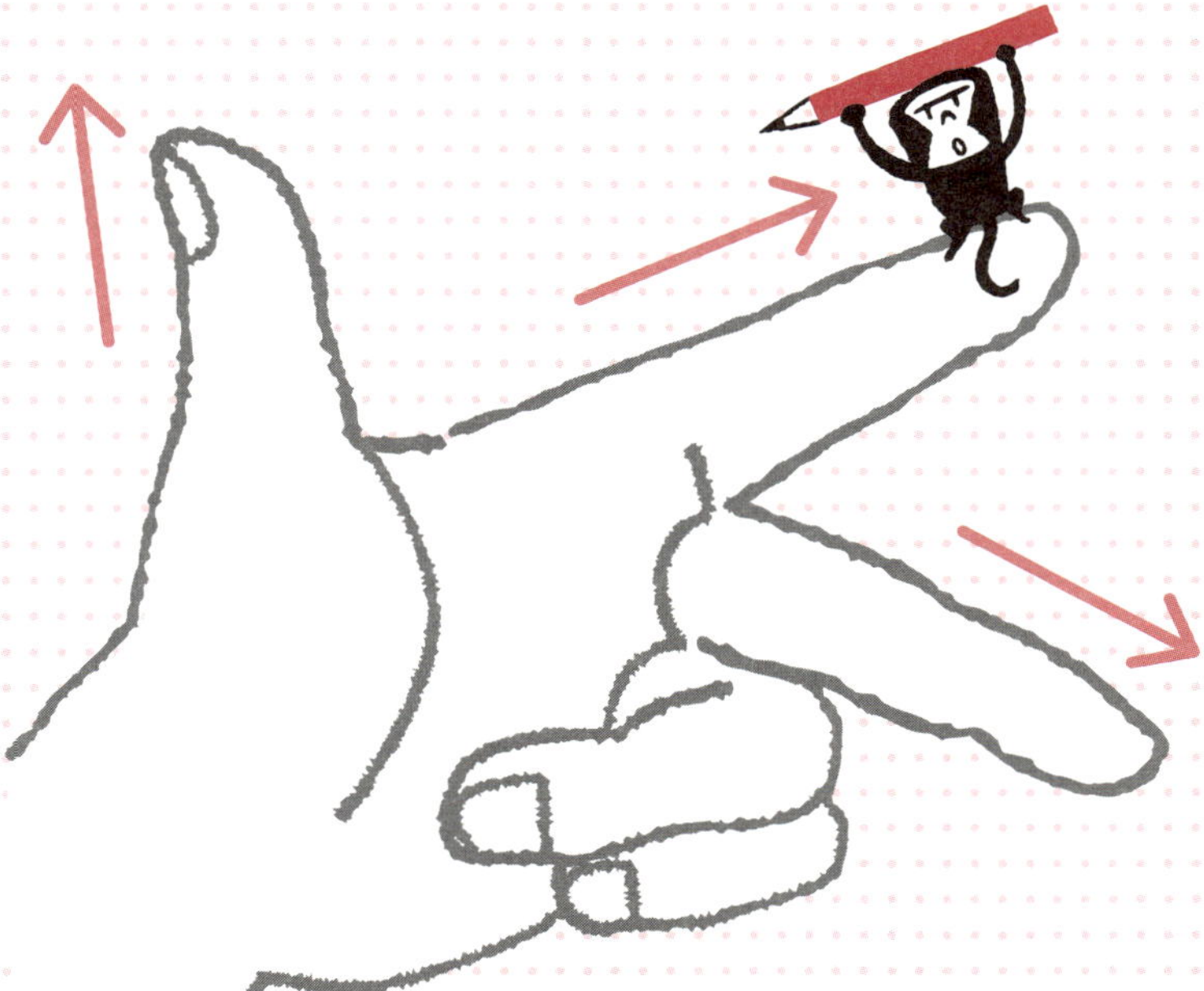

01

マクスウェルの方程式

▼携帯電話、テレビ、ラジオ……電波のしくみ

マクスウェルの方程式

電場と磁場の性質は、①電場の発散、②磁場の発散、③電場の回転、④磁場の回転を、それぞれ表わす４つの方程式にまとめられる。

携帯電話、テレビ、ラジオ……これらは基地局から発信した電波を受けて通話したり、映像や音声を受信したりしています。他にもエアコンやガレージの開け閉めや、最近では便座でさえ無線のリモコン式になっています。これほどまでに身近な無線通信の技術ですが、根本のところはどうなっているのでしょう。

根本は４つの方程式

電波や赤外線は、いずれも「電磁波」という波の仲間です。「電場」と「磁場」というものが振動しながら一緒に伝わってくる波のことです。

磁場は、簡単にいえば磁力線*のことです。一方、**電**

*「磁場＝磁力線」というのはちょっとくだけた表現です。一段階だけ正確にいうと、磁力線で表現されるような「磁石を動かす力の強さと向き」のことを「磁場」といいます。

電場、磁場とは

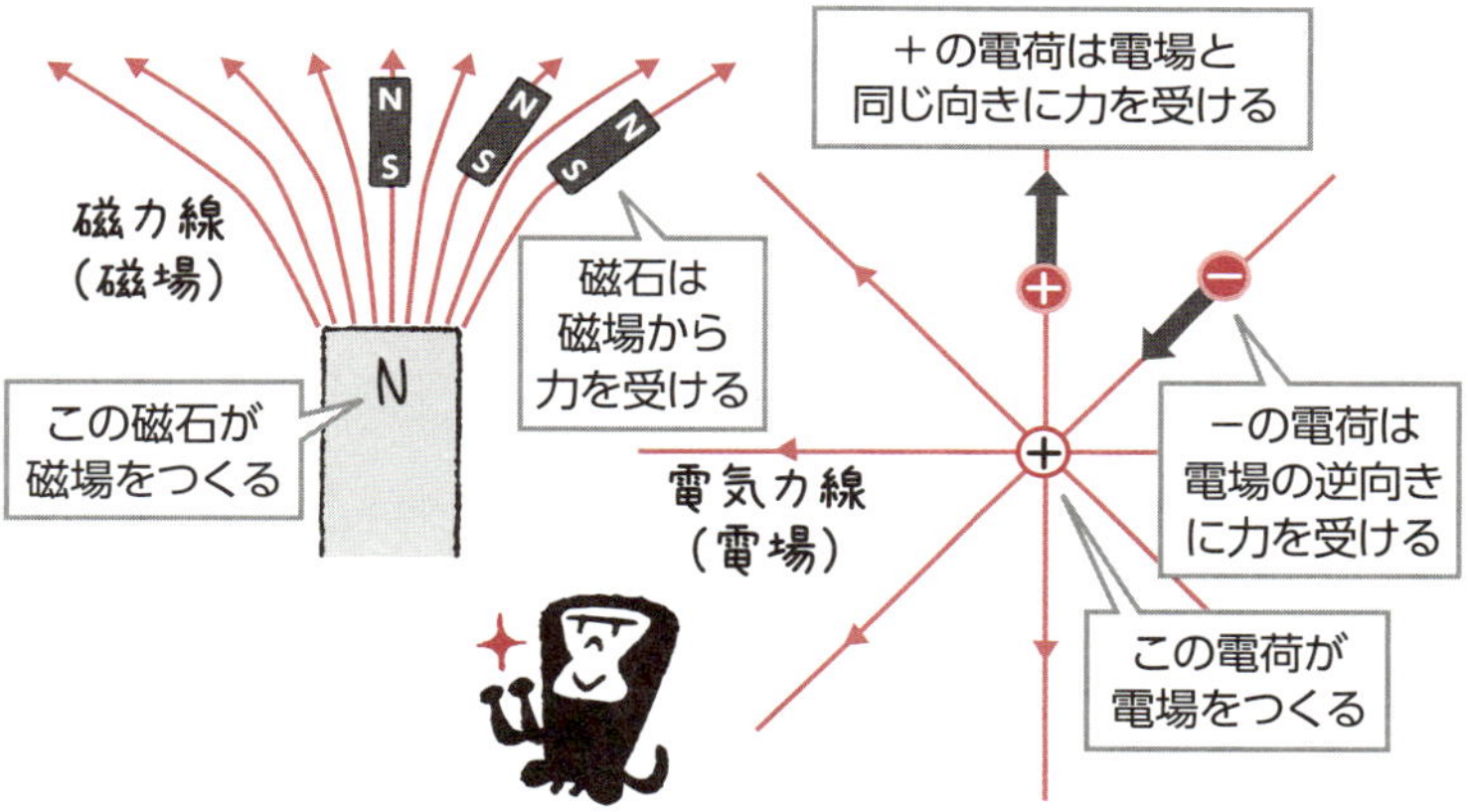

場はいわば「磁場の電気バージョン」のことで、「電気力線」という線で表わされます。電気力線の向きにプラスの電気が力を受け、電気力線の逆向きにマイナスの電気（電子など）が力を受けるというものです。

この電場と磁場の性質を決める方程式こそ、本節の主役「**マクスウェルの方程式**」と呼ばれる4つの式です。この方程式はかなり難しい記号で書かれています。「式が難しいから」と掲載しないのもおかしな話なので、次ページに掲載しておきます。

Eは電場、Bは磁場の強さを表わします。ε_0は**真空の誘電率**、μ_0は**真空の透磁率**と呼ばれる定数です。

①、②に出てくるdiv（divergence《ダイバージェンス》）は「発散」という意味で、例えば①式はE

マクスウェルの４つの方程式

① $\mathrm{div}\boldsymbol{E}=\dfrac{\rho}{\varepsilon_0}$　　② $\mathrm{div}\boldsymbol{B}=0$

③ $\mathrm{rot}\boldsymbol{E}=-\dfrac{\partial B}{\partial t}$　　④ $\mathrm{rot}\boldsymbol{B}=\mu_0\varepsilon_0\dfrac{\partial E}{\partial t}+\mu_0 j$

（電場）に関する式で「電場の発散（div$E$）はρ（電荷密度）に比例する」ということを意味します。電荷（電気）のあるところから電気力線が発散する（放射状に出て行く＝前ページの図参照）ということです。

②式はB（磁場）に関する式で「磁場の発散（div$B$）はゼロである」ということです。ゼロとは、「磁荷」というものが存在しない、つまり磁石のN極だけ、S極だけを取り出すことができないという意味です。磁石は必ず片側がN極、もう片側がS極であり、N極だけの磁石、S極だけの磁石というのはありませんが、そのことを式の中で示しているのです。

ちなみにN極だけ、S極だけを持つような粒子は「絶対に存在しない！」と決まったわけではなく、単にまだ誰も見つけていないだけのことです。そのような粒子は「**磁気モノポール**」と呼ばれ、ある種の理論では存在が予言されています。式②はその「誰も見つけていない」という経験則を表現したものです。

③、④の方程式に出てくるrot（rotation《ローテーション》）の記号は「回転

4つの方程式の意味を図解すると……

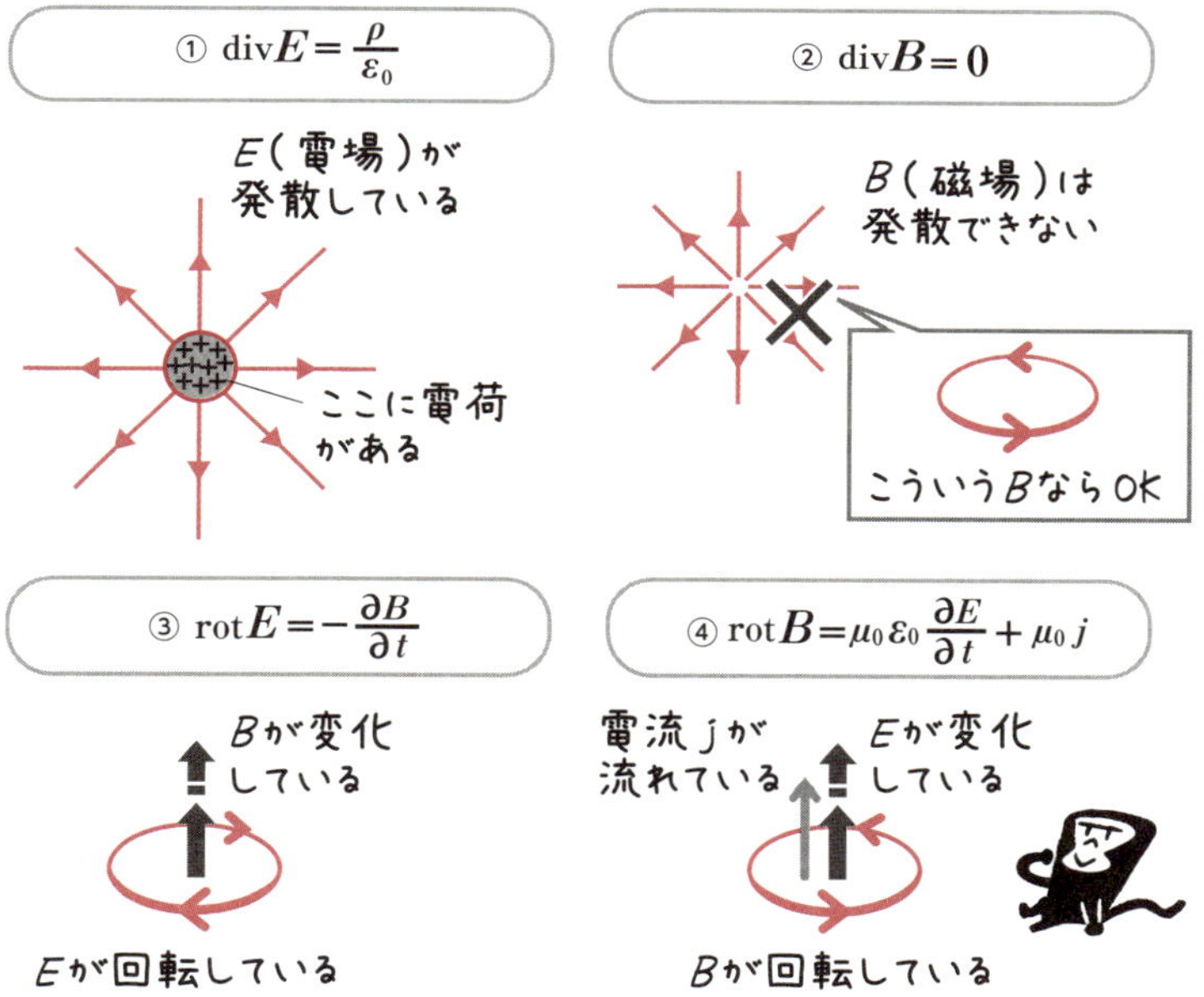
① $\mathrm{div}\boldsymbol{E}=\frac{\rho}{\varepsilon_0}$
E（電場）が発散している
ここに電荷がある
② $\mathrm{div}\boldsymbol{B}=0$
B（磁場）は発散できない
こういうBならOK
③ $\mathrm{rot}\boldsymbol{E}=-\frac{\partial \boldsymbol{B}}{\partial t}$
Bが変化している
Eが回転している
④ $\mathrm{rot}\boldsymbol{B}=\mu_0\varepsilon_0\frac{\partial \boldsymbol{E}}{\partial t}+\mu_0 j$
電流jが流れている
Eが変化している
Bが回転している

の強さ」を表わします。例えば電気力線がぐるりと1周回っているような状況が「回転」です。∂●／∂tは「●の時間変化率」という意味です。

よって、③式は「電場の回転の強さ（rot$E$）は、磁場（B）の時間変化率に等しい」という意味です。なお、マイナスは向きを表わしているだけで、いまは気にする必要はありません。

④式は複雑です。「磁場の回転の強さ（rot$B$）は、電場の時間変化率で決まる

部分と、j（電流）で決まる部分の合計である」という意味です。

なお、前ページの図の③を見ると、③式は実はファラデーの電磁誘導の法則を表わしていることに気づきます（１３６ページの図に似ています）。磁場が変化すると、それを取りまくような電場が発生するので、その電場によって電子が動かされると電流が流れるというわけです。非接触ＩＣカード（第３章３節）の原理がまさにこの例です。

電磁波が空間を伝わることを予言した！

最初、④式には「$\partial E/\partial t$」の項は入っていませんでした。つまり、「電流（j）が流れると、回転する磁場（rot B）が生まれる」という、中学校で習う右ねじの法則にすぎなかったのです。ところがマクスウェルは、ある物理的な着想によって必然的に「$\partial E/\partial t$」の項が存在することを考えつきました。そしてこの項が存在することにより、以下のように電磁波の存在が予言されたのです。

というのは、③式は「磁場が変化すると、回転するような電場が生じる」ということで、④式は「電場が変化すると、回転するような磁場が生じる」ことを表わします。つまり、③式と④式を組み合わせることで、

「磁場が変化する→電場が生じる（変化する）→磁場が生じる→……」

という一連の動きが連鎖的に起こっていくことが予想できます。このように、「変動する電場と磁場が一緒に空間を伝わる」わけで、これが「**電磁波**」です。

マクスウェルの予言通りならば、電子を動かす電場が空中を伝わって、離れた場所の電子を動かすはずです。また、磁場も伝わるので、離れた場所で電磁誘導を起こし、やはり電子を動かすでしょう。

このように考えて実験を行なったのが、ドイツの物理学者ヘルツです。いまからわずか130年前の1887年、ヘルツは自ら考案した装置で電磁波を発生させ、それを受信することに成功しました。

ヘルツは自らの発見に際し、「この実験は単にマクスウェル先生が正しかったということを示しているだけだ」と謙虚に述べ、「この発見からもたらされるものは何か？」の問いに対し、「何もないと思う」と答えたそうです。つまり、科学的な意味はあっても、現実の世界に大きな応用が効くとは考えにくい、と考えたわけです。

ヘルツはこの発見のわずか7年後、36歳の若さでこの世を去りました。もし、ヘルツがもっと長生きをしていれば、20世紀前半に誕生したラジオ放送、テレビ放送の勃興を目にして、電磁波のもたらした威力にさぞ驚いたことでしょう。

02

フレミングの左手の法則

▼電気を「動き」に変えるモーターの原理

フレミングの左手の法則

磁場中を流れる電流は力を受ける。その向きは以下のようにして決まる。左手の中指・人差し指・親指を互いに直角になるように開く。中指を電流、人差し指を磁場の向きに合わせたときに親指が向いている方向が力の向きである。

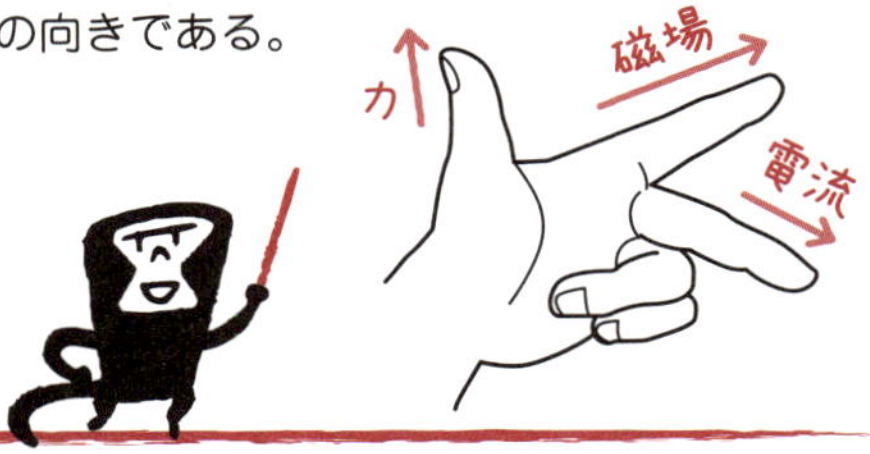

私たちは電気のある暮らしに慣れすぎていて、スイッチを入れれば何でも動くという感覚に陥りがちです。ですから電車のように、電流を流すと車輪が動くのは「まあ当然だろう」と思ったりするわけですが、不思議な話です。「電気の流れ」が「物体の動き」に変わるのは、なぜなのでしょうか。

電流は磁場から力を受ける

中学の理科で、「磁石のN極とS極の間に導線を通し、電流を流すと導線

4つの方程式の意味を図解すると…

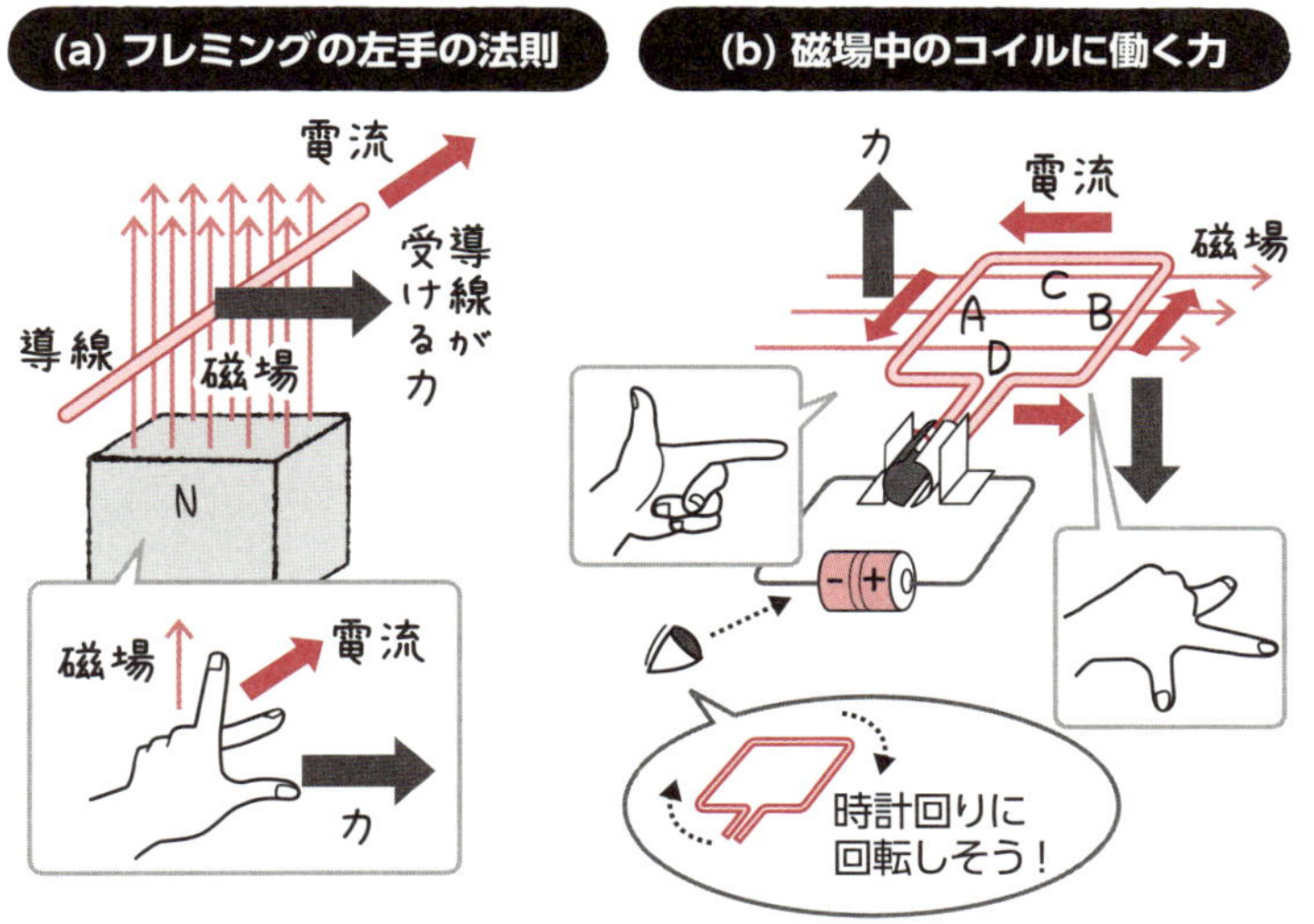

がピンと動く」という実験をしませんでしたか？　これは電流が導線の動きに変換されている例です。しくみをおさらいしましょう。

　上図の(a)のように、上向きの磁力線（磁場）がある場所に横向きに導線を通して電流を流すと、導線が電流と磁場の両方に直交する向きに力を受けます。

　文字で説明するより、図で見ていただくほうが早いでしょう。まず左手を、ラッパーの人が「YoYo」とするときのような形にします。そして中指を電流の向き、人差し指を磁場の向きに合わせると、親指が導線の受ける力の向きになります。このような、電流・磁場・力の向きの関係を「**フレミングの左手の法則**」といいます。中指から始めて「電・磁・力」とリズミカルに覚えるとよいでしょう。
この直線状の導線を、図の(b)のようにぐるっと一巻きにした導線を「コイル」といいますが、このコイルを磁場の中に置いてみるとどうでしょう。(b)図を見ると(今度は磁場を横向きにしてあります)、コイルの4辺のうち、AとBの2辺が受ける力は、等大・逆向き*で作用線が一致していないため、コイルを回転させる効果が生じます。なお、コイルは何回もグルグル巻きにしたものとは限らず、この場合のように1回しか巻いていないものもコイルといいます。

これでは回転しない

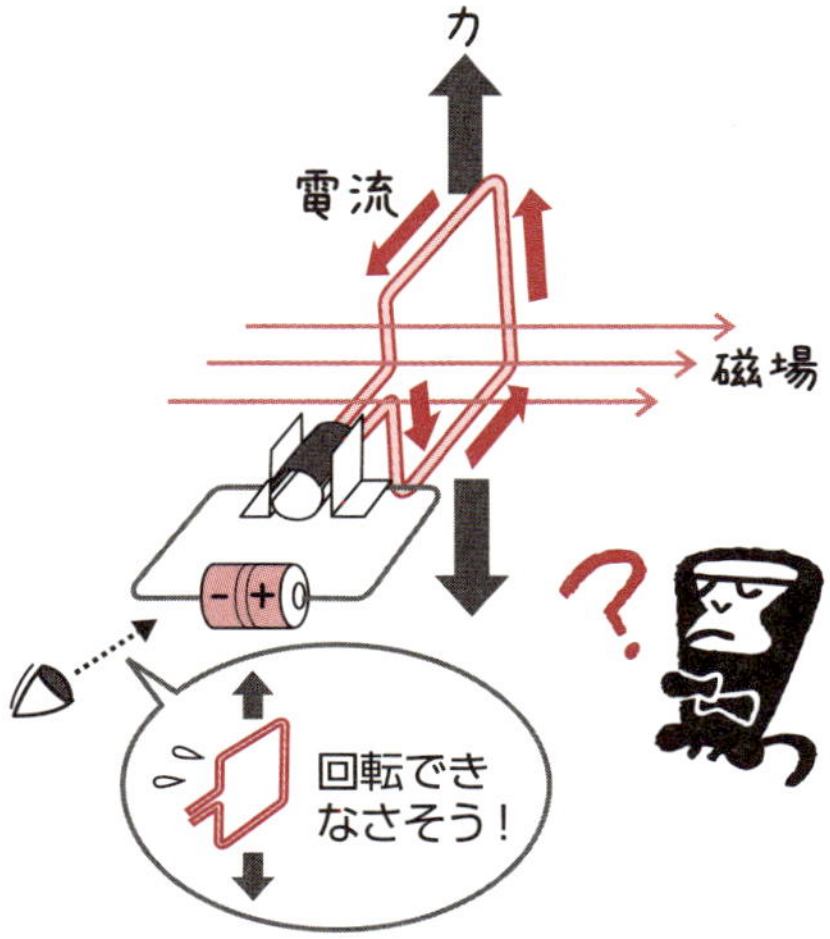

モーターが回転し続けるしくみ

磁場中でコイルに電流を流せば、コイルの2辺が受ける力が回転効果を生み出し、コイルが回転することはわかりました。ただこのままだと、

* 等大・逆向きで、作用線が一致しない二つの力のことを「偶力（ぐうりょく）」といいます。偶力は合計するとゼロになるため、物体を加速させることはできませんが、回転させることは可能です。

モーターが回転し続けるしくみ①②

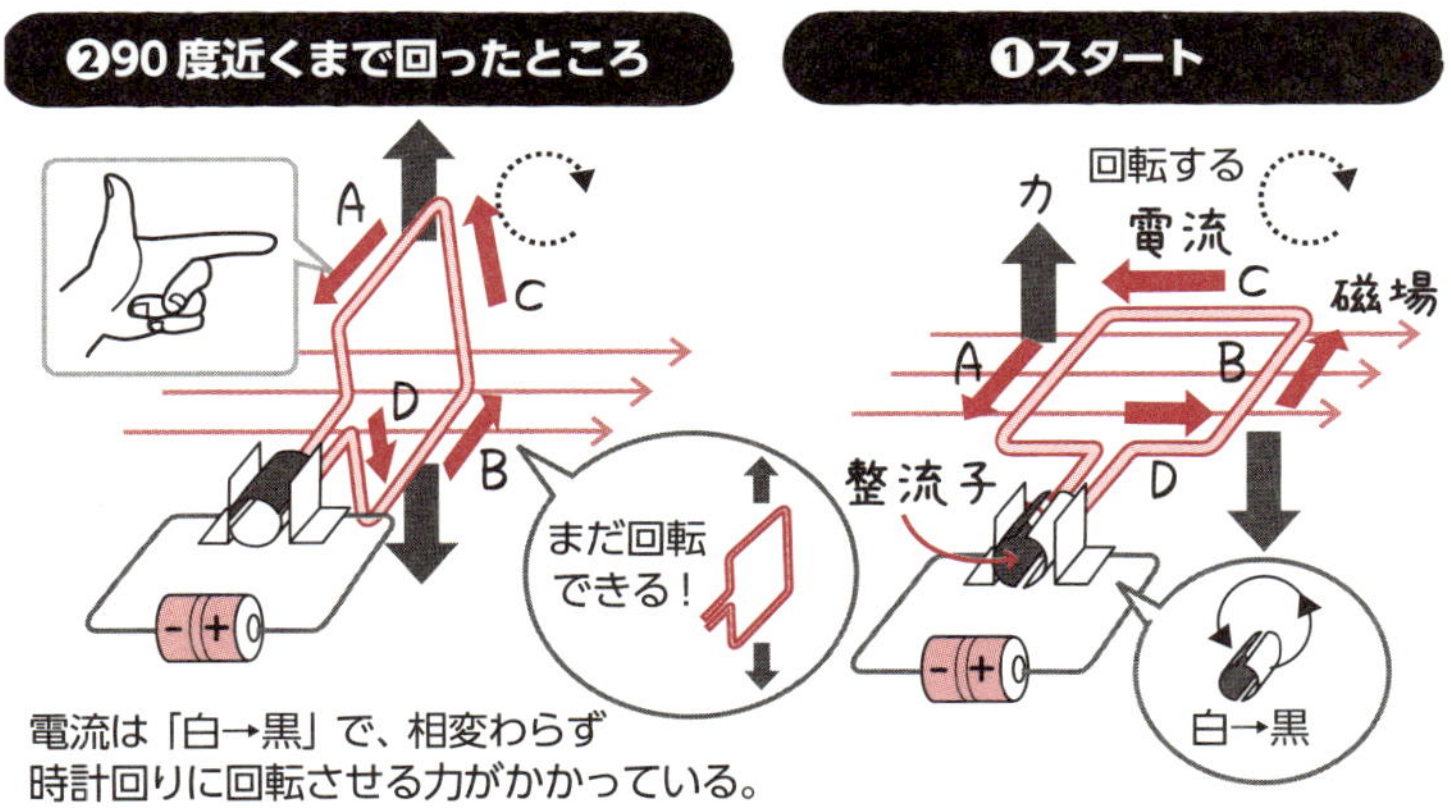

コイル面が磁場に垂直になったところで力の作用線が一致してしまうので、それ以上回転を続けることができません（前ページ図参照）。ここに、もうひと工夫加えることで、回転がずっと継続するようになります。このような工夫をした道具が「**モーター**」です。

工夫のポイントは、コイルが半回転するたびに「コイルに流れる電流の向き」を反転させることです。上図に示した「整流子」という半月状の機構があれば、それができます（説明の都合上、黒いパーツと白いパーツに塗り分けています）。

まず、①でスタートしたときは、整流子の白パーツからコイルをB→C→Aの順に通って黒パーツに電流が流れています。これを短く「白→黒」と表現しましょう。電流が「白

モーターが回転し続けるしくみ③④

❸90度回ったところ

❹90度を少し回ったところ

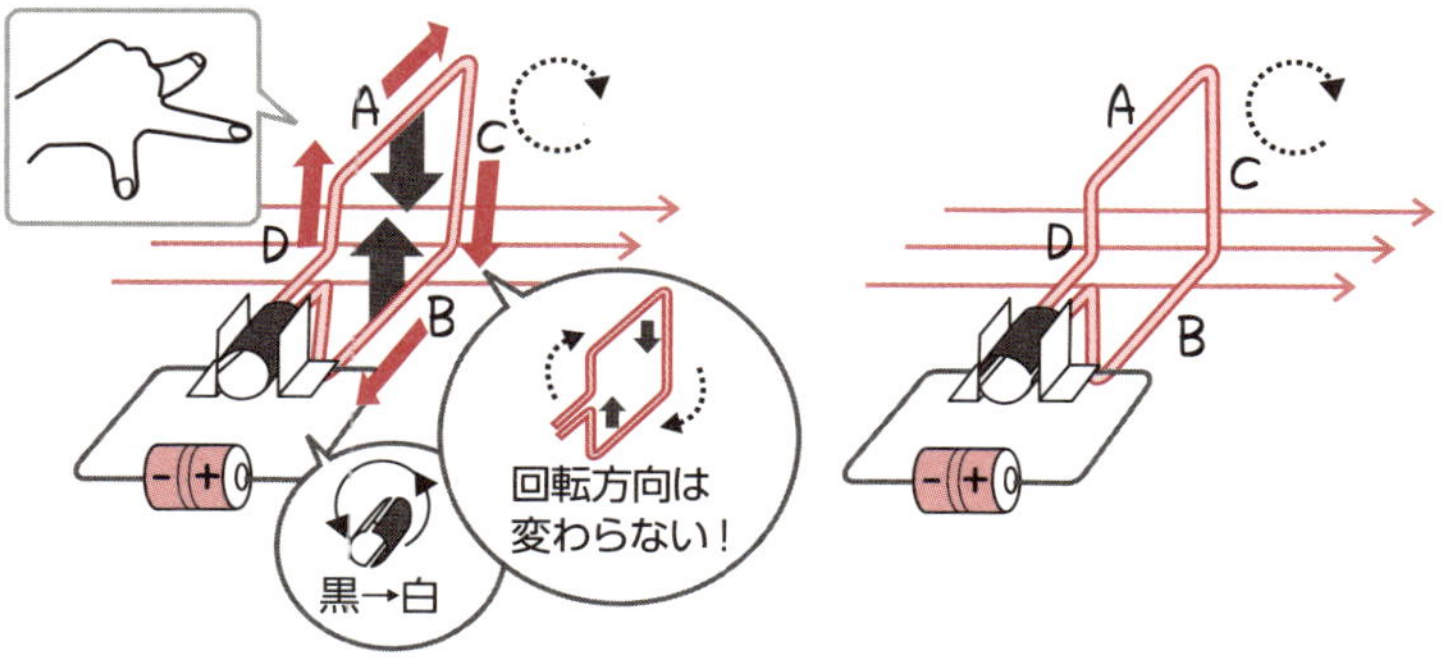

一瞬回路が切れて電流が
流れなくなる。
慣性で回転は続く。

電流は「黒→白」と反転するが、
力のほうは相変わらずコイルを
時計回りに回転させようとする。

→黒」と流れると、コイル全体としては時計回りに回転するような力を受けることがわかります。

コイルが90度近くまで回転した図②を見ると、相変わらず電流は「白→黒」です。そのため、コイルが受ける力の状況も変わらず、コイルを時計回りに回転させようとする向きになっています。

そしてちょうど90度になった瞬間の③で、電流が一瞬流れなくなります。ただし、コイルは慣性で回り続け、回転は90度を越えていきます。

さて、コイルが90度を少し回ったところでは、図④のように、整流子と電池の接点が入れ替わり、コイルを流れ

モーターが回転し続けるしくみ⑤⑥

❺180度回ったところ

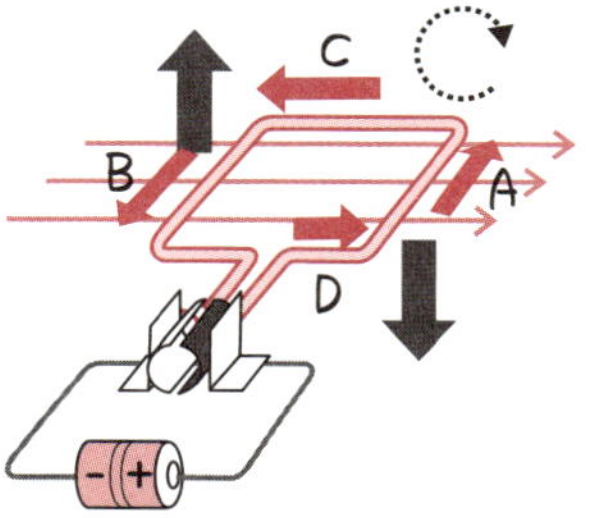

電流は「黒→白」で、
コイルを時計回りに
回転させる力がかかっている。

❻270度回ったところ

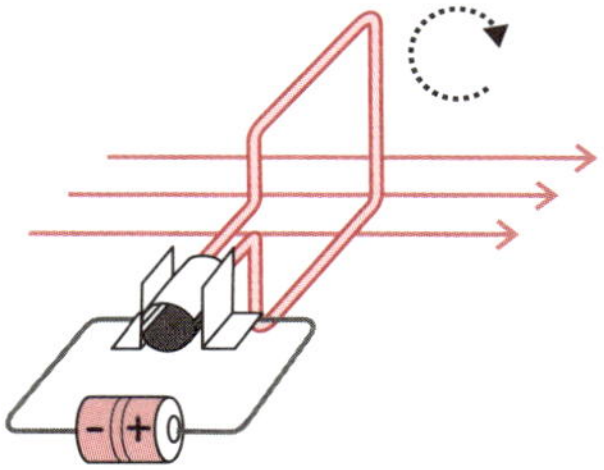

一瞬回路が切れて電流が流れなくなる。
この直後に電流の向きが
「白→黒」と反転する。

る電流の向きが「黒↓白」と反転します。その結果、コイルの辺Aはそれまで「上向き」の力を受けていたのが、「下向き」に変わります。同様に、それまで「下向き」の力を受けていた辺Bは「上向き」の力を受けますが、まことに都合のいいことに、コイルのそれぞれの辺の位置は先ほどと入れ替わっているので、時計回りの回転は維持されます。

これが整流子の働きです。コイルを流れる電流の向きを瞬時に反転させ、その結果としてコイルの回転の向きを見事に維持するというわけです。

この後は同じことの繰り返しです。180度回ったときと270度回ったときの図⑤⑥をご覧ください。90度から270度までの間、電流は「黒↓白」と流れていますが、270

度を越えると再び「白→黒」に戻ります。この繰り返しでコイルが回転を続けるわけです。

モーター、発電機など応用は無数

身の周りを見てみると、「電気を流して何かを動かす」というしくみのものが非常に多いことがわかります。家の中なら、いわゆる家電全般、例えば扇風機、洗濯機、ＣＤプレーヤーのように明らかに何かが回転しているものもあれば、ウォシュレットのようにどこで何が回転しているのか見えにくいものもあります。

家の外に出れば、自動車のセルモーターや電車の車輪、自動ドアなど、やはりあちこちにモーターが仕込まれています。実用化されているモーターには、さまざまな工夫を凝らした多様な種類のものがありますが、根本的には「磁場の中で電流が力を受ける」という性質を活用しています。

ちなみに、モーターに電源をつながずにコイルを回転させると、発電機になります。これは、磁場の中でコイルを回転させるので、コイルを貫く磁束が時々刻々と変化していくため、「電磁誘導の法則」で起電力が生じるのです。手回し発電機などがこの原理を利用しています。

03

原子のエネルギー準位

▼蛍光灯はどうやって光を放っているのか？

原子のエネルギー準位

原子の中で「電子が持つエネルギーの値」（エネルギー準位）は、原子の種類ごとに限られている。電子が異なるエネルギー状態を行き来するとき、そのエネルギー差は電磁波などの形で出入りする。

夜の街を彩るネオンサインや家の蛍光灯は、同じ原理で光っています。原子には固有の色があり、その色は「電磁波の波長」で決まります。可視光線の中で波長が長ければ赤く、短ければ青くなるのです。つまり、原子は種類ごとに固有の波長の電磁波を放出するわけです。一体どういう原理なのでしょう。

原子が持てるエネルギーの値は不自由

原子の中では、原子核の周りを電子が飛び回っているのはご存じのことでしょう。電子のスピードや原子核との距離によって、電子のエネルギー

原子のエネルギー準位はとびとびの値を持つ

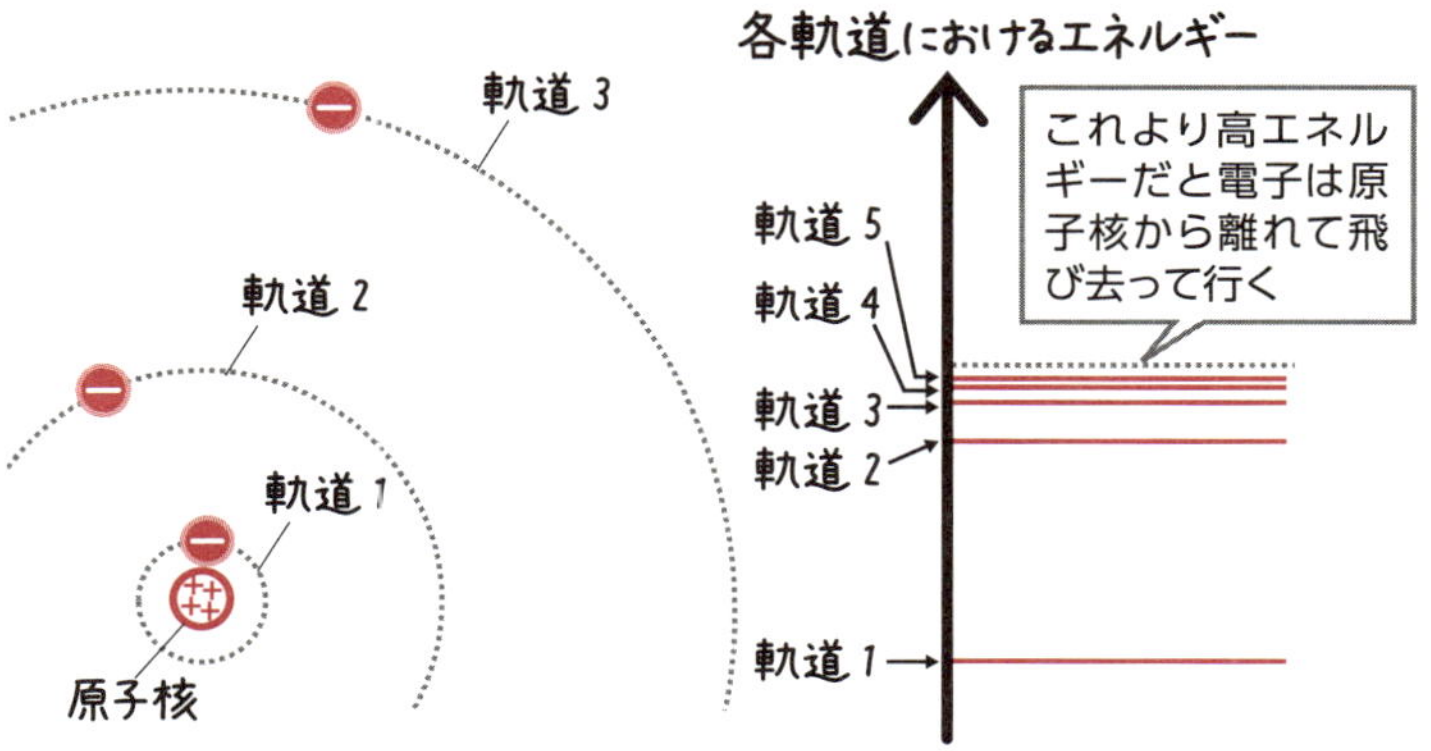

の値が決まります。

実はこのエネルギーの値は、自由な値になることができません。その理屈は難しいので深入りしませんが、量子力学の「シュレディンガー方程式」を解くことによって導き出されます。つまり、電子は原子の中で、いくつかの決まった軌道を、決まった速さで動くことしかできないのです。上図に、原子内で電子が飛び回る軌道と、それぞれの軌道におけるエネルギーを模式的に示しました。

通常、このエネルギーは「電子が持つエネルギー」ではなく、「原子が持つエネルギー」といいます。また、原子が持つことのできるエネルギーの値のことを「**原子のエネルギー準位**」と呼びます。

まずは、この原子のエネルギー準位は図の

ように、不連続でとびとびになっているのだということを知っておいてください。また、原子の種類ごとにエネルギー準位の値は異なります。

電子が下から上の軌道へ、上から下の軌道へ

電子が存在している軌道ごとにエネルギーが決まっているので、例えば電子を上の軌道（外側の軌道）に移したければ、足らないエネルギーを注入してやればよいわけです。また、十分大きなエネルギーを与えれば、電子は原子核から離れて外へ飛び去ります。エネルギーを与える方法には主に二つあります。

①光（電磁波）を照射する

②電子などの粒子を外部から衝突させる

電磁波のエネルギーは波長で決まり、波長が短いほど高エネルギーという性質があります。下の軌道（内側）からより上の軌道（外側）に電子を移したいときは、エネルギー差を補う必要があるので、より波長の短い電磁波を照射する必要があります。波長が十分短ければ、電子は飛び去って行きます。

逆に、上の軌道から下の軌道に電子が落ちるときは、二つの軌道のエネルギー差が電磁波となって放射されるか、または熱などの形で外に放出されます。次ページの図には、

軌道を移すときには、どうすればいいか

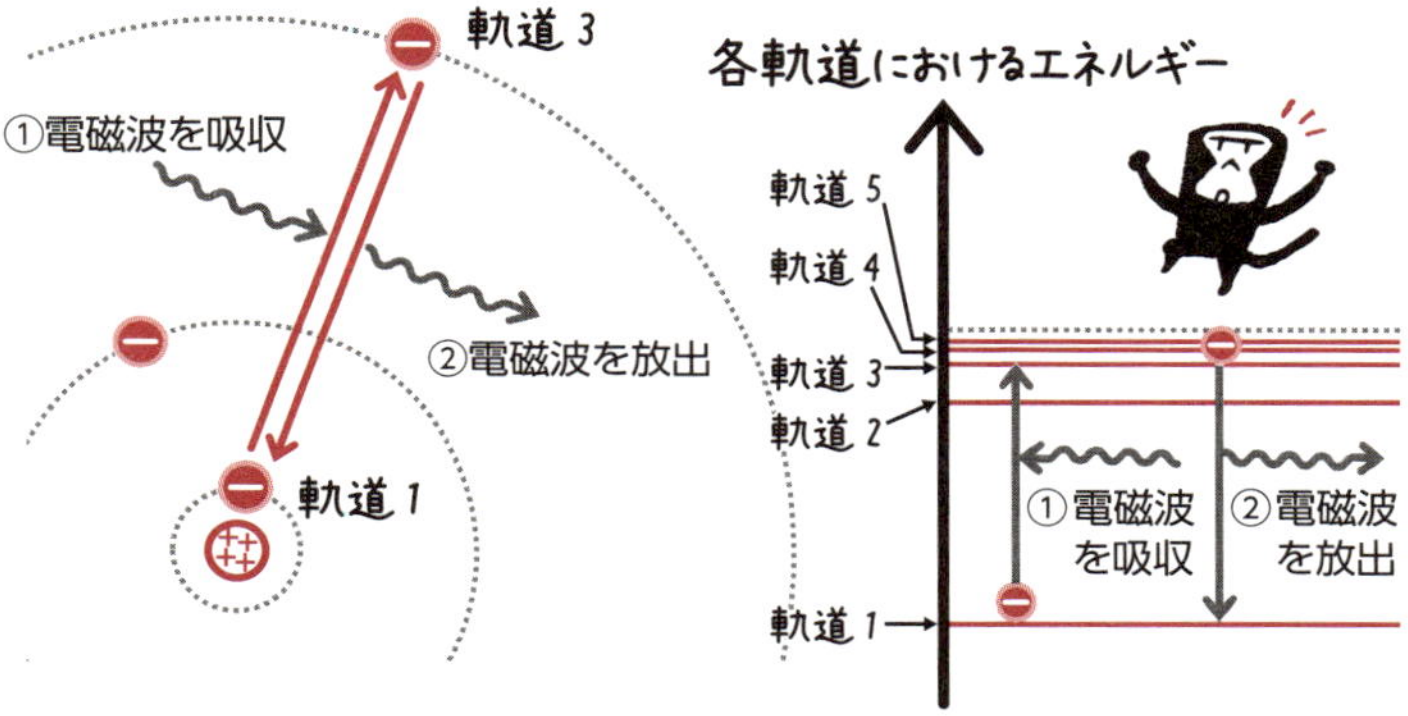

「軌道1」から「軌道3」へ電子が移るときに電磁波を吸収し、逆に「軌道3」から「軌道1」に電子が落ちるときに電磁波を放出する様子を模式的に示しました。

ここまでの話を総合すると、原子には種類ごとに決まったエネルギー準位があり、下の軌道から上の軌道に何らかの方法で電子を叩き上げてやれば*、電子が下の軌道に戻る際に軌道のエネルギー差が電磁波となって出てくることがある、となります。エネルギー差が大きければ波長の短い（可視光線ならば青い）電磁波が出ますし、エネルギー差が小さければ波長の長い（可視光線ならば赤い）電磁波が出ます。

ネオンサインのしくみ

* 一番下のエネルギー準位を「基底状態」、それより上のエネルギー準位を「励起状態」といいます。また、電子を上の軌道に叩き上げることを「電子を励起する」といいます。

さて、話をネオンサインに戻しましょう。密封したガラス管の中に少量の「ネオン」という気体を封入し、そこに電極を挿して高電圧をかけるという構造になっています。すると高電圧で加速された電子がネオン原子とぶつかり、ネオン原子の中の電子がはじき飛ばされます。そこに向かって上の軌道から電子が落ちて来ると、二つの軌道間のエネルギー差が電磁波となって放出されます。その色がちょうど可視光線の赤ぐらいに相当するのです。これだけだと赤色しか出せませんが、ネオンの代わりに別の気体、例えばアルゴンを用いれば、アルゴンのエネルギー準位を反映した色（青）の光が放出されます。

さらに、ガラス管に「蛍光塗料」を塗って、別の色の光を出すことも可能です。「**蛍光**」とは次のようなプロセスのことです。まず最初に大きなエネルギーの電磁波を吸収して、電子が高いエネルギーの軌道に上がります。電子が熱などの形で少々エネルギーを失って、少し低い軌道まで落ちてきます。そこから最初の軌道まで落ちて、その際に電磁波が出ます。つまり、吸収した電磁波より少しエネルギーの低い（波長の長い）電磁波が放出されるのが蛍光です。ネオンサインだけでなく、蛍光灯もこの蛍光塗料によって望みの色を出しています。

原子がとびとびのエネルギー準位を持っていて、軌道間のエネルギー差に相当する電磁波が出るしくみを利用しているものは、他にもいくつかあります。例えば、トンネルの中でオレンジ色っぽい光を出している「ナトリウムランプ」もそうです。あの色はナトリウム原子固有の色です。

こんな知識があれば、夜の街の景色もまたひと味違って感じられるかもしれませんね。

04

超伝導とBCS理論

▼エネルギーロスをなくす夢の現象

超伝導とＢＣＳ理論

超低温に冷やすと、ある温度で抵抗がゼロになるような物質がある。この状態を超伝導状態という。超伝導状態への移行に伴い、その物質の内部から磁力線が排除されるマイスナー効果という現象も同時に発生する。これらの現象を理解するには量子力学が必須で、電子がクーパー対をなしていると考えることで理解できる。

「ジュールの法則」（第3章2節）で述べた通り、導線に電流が流れると熱が発生します。何かを温めたいときは別として、そうでないときにはエネルギーが熱として逃げて行くので、電力のムダ遣いといえます。一定時間に発生する熱量は「抵抗×（電流）^{2}」なので、「もしも抵抗がゼロだったら、発生する熱量もゼロだなぁ」ということは容易に想像できます。しかし、そんな夢みたいな話があるのでしょうか。

温度を下げると、抵抗も下がる

そもそも抵抗はどうして発生するのかというと、導線の原子が振動して電子の通行を邪魔するからです。多少不正確な説明になりますが、「振動する導線の原子に電子がぶつかるから」とイメージするとわかりやすいでしょう。この「導線の原子の振動」とは「熱運動」のことです。温度が高いほど熱運動は激しくなるので、高温ほど電気抵抗は大きくなります。ということは、逆に温度を低くすれば、抵抗が下がっていくはずです。

では、温度をどんどん下げていくと、抵抗もどこまでも下がるのでしょうか。そもそも温度には下限があります。それは約マイナス273℃という値で、「**絶対零度**」と呼ばれています。絶対零度においては、原子の熱振動が完全にストップすると考えられていたので、電子を邪魔するものがなくなって抵抗がゼロになるのではないか*、

極低温で抵抗がゼロになる超伝導現象

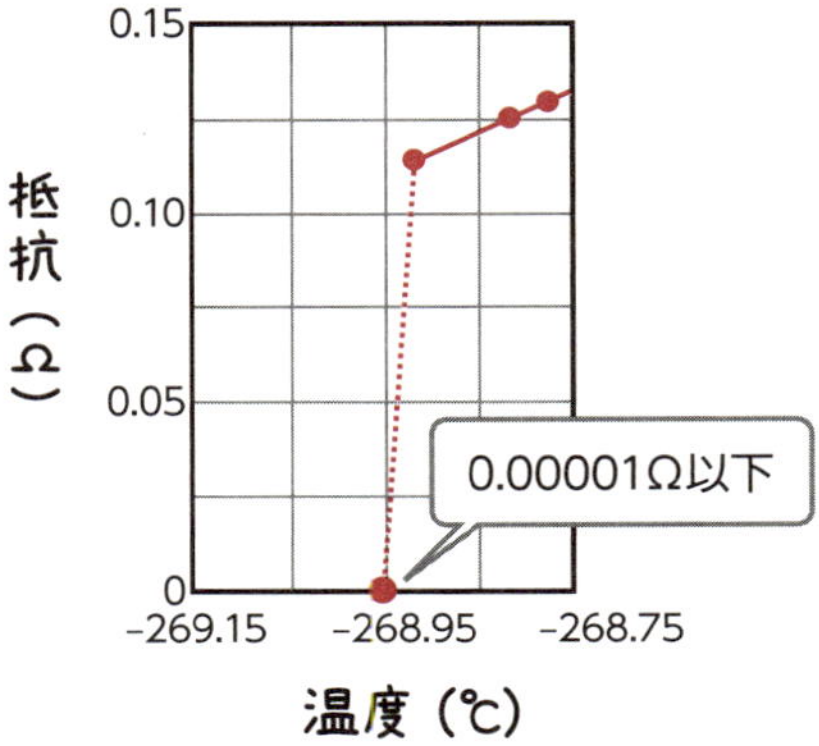

＊ 量子力学の効果を考えると、原子の熱運動のエネルギーは完全にはゼロになりませんが、最低エネルギー状態になります。ただ、1911 年当時はまだ量子力学が確立していなかったので、こういう概念もなかったはずです。

と推測する科学者は結構いたようです。のちに超伝導現象を発見したオランダの物理学者オネスもその一人でした。

1911年、オネスは電流を流しながら水銀の温度をどんどん下げていき、抵抗を測定する実験を行ないました。予想通り温度低下に伴って抵抗は下がっていったのですが、温度がマイナス269℃あたりまで下がったとき、突如として抵抗がゼロになる現象が観測されました。

オネスはこの現象を「**超伝導状態**」と呼びました。彼は同様の現象をスズや鉛のような別の金属でも起きることを発見し、抵抗のある状態（常伝導状態）から超伝導状態へ移行する現象は水銀に特有のことではない、ということを突き止めたのです。

絶対零度にならなくても金属が超伝導状態に移行するということは、「原子の熱振動がストップする」ことが理由ではない、ということを物語っています。しかも量子力学によれば（当時はまだ量子力学は確立していませんが）、たとえ絶対零度になっても熱振動は完全にはストップしないので、原因は他にあるということになります。

マイスナー現象の不思議

その後もさまざまな物質での超伝導状態が発見されましたが、原因は不明のままでした。

マイスナー効果は電磁誘導では理解できない新現象

①超伝導状態の物質に磁場をかけると、磁力線が逃げていく。
これはファラデーの電磁誘導の法則から理解できる。

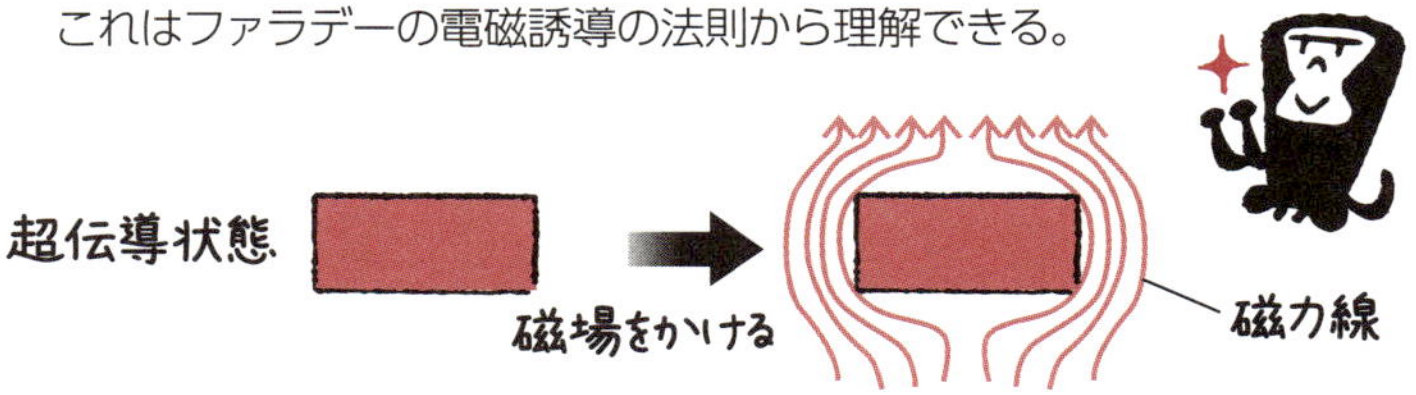

②先に磁場をかけておいてから、冷やして超伝導状態にしても、磁力線が逃げていく。これはファラデーの電磁誘導の法則では説明できない、全く新しい現象。

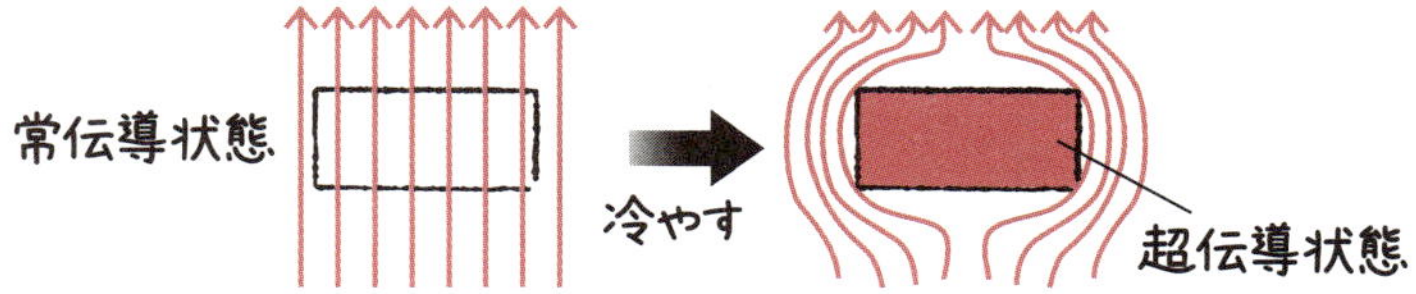

そんな折、1933年にもう一つ、実に奇妙な現象が発見されました。超伝導状態になった物質は弱い磁力線を完全に排除してしまうという現象です。この現象は、発見グループの代表者の名前から「**マイスナー効果**」と呼ばれます。

ここで「ファラデーの電磁誘導の法則」（第3章3節）を想起して、「そんなの当たり前じゃないの？」と思う人もいるかもしれません。というのも、物質が超伝導状態になった後で外部から磁場をかけたとすると、「磁束の変化を妨げるような電流」が流れるわけですが、超伝導状態（抵抗がゼロ）なのでその電流の大きさはいくらでも大きくなれます。したがって、外部からかけた磁場を完全に打ち消すような誘導電流が流れ、結果的に物質内の磁場がゼロになる（すなわち物質内に磁力線が入り込めない）ということが想像できます。

しかし、マイスナー効果はそれ以上の現象です。最初から物質に磁場をかけておき、それから温度を下げていった場合も、物質が超伝導状態に移行したとたんに磁力線が物質の中から追い出されてしまうのです。これはファラデーの電磁誘導の法則では説明がつきません。つまり、超伝導状態とは単に抵抗がゼロになった状態ではなく、それ以上に何か本質的に新しい現象が起こっていることを示唆しています。

そんなわけで、現在では新しい超伝導物質を認定する際には、その物質がマイスナー効果を示すことも必須条件とされているようです。

超伝導状態の源は電子のペア

超伝導の原因についてようやく一応の決着を見たのは、1957年に発表された「**BCS理論**」*によってのことでした。

BCS理論においては「**クーパー対**」という、二つの電子のペアが重要な役割を演じます。おおまかに表現すると、「ある電子が金属原子とぶつかってエネルギーを失うとき、

*「BCS」とは、バーディーン、クーパー、シュリーファーの3人の発見者の名前の頭文字を並べたものです。

熾烈な高温超伝導体の開発競争

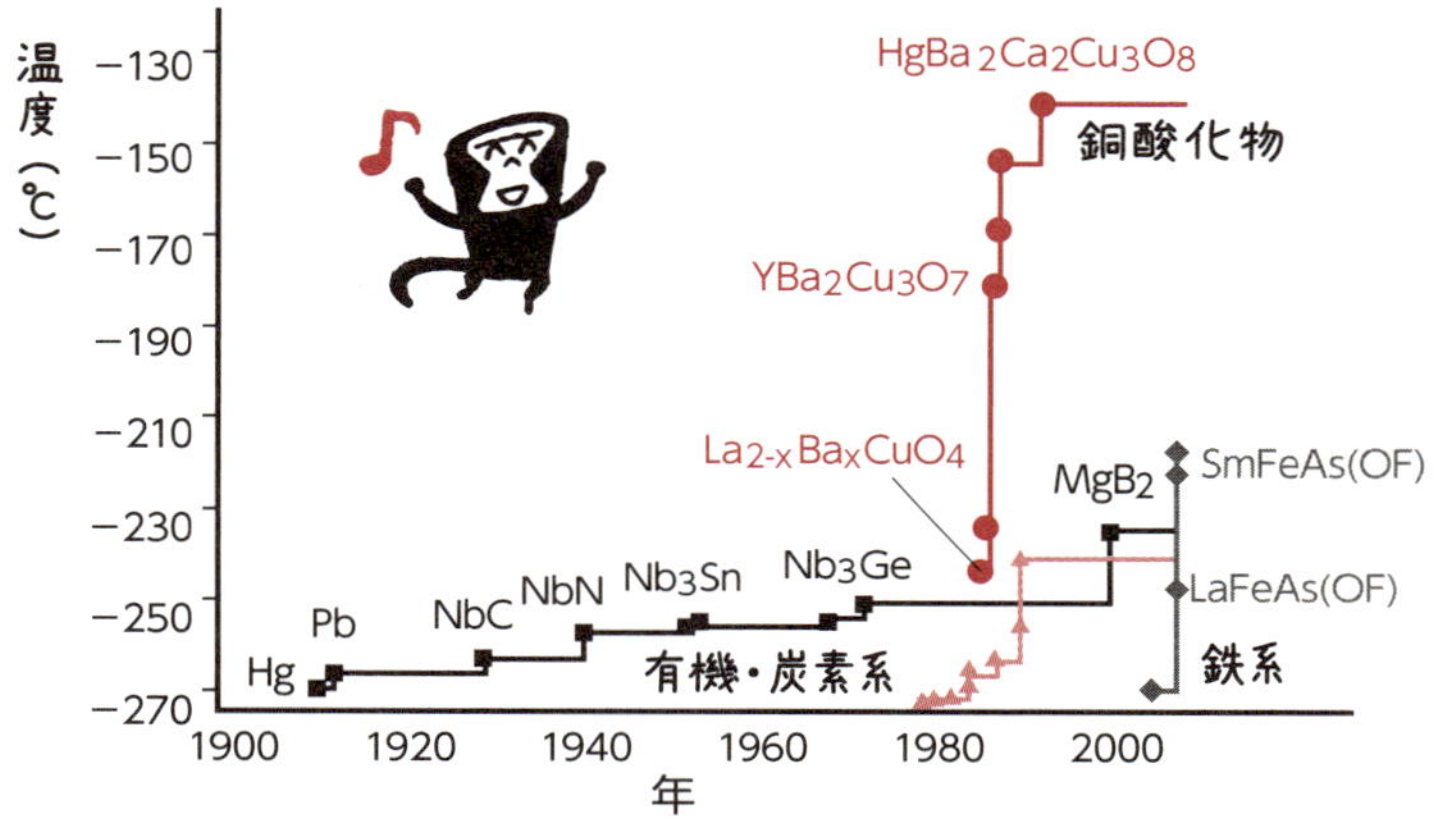

http://sakaki.issp.u-tokyo.ac.jp/user/kittaka/contents/others/tc-history.html より作成

別の電子が同じだけのエネルギーを得る」という都合のいいことが起こるのです。こうすれば、電子の集団は全体としてエネルギーを失わずに導線の中を流れることができるので抵抗がゼロ、ということになります。

これは本質的には量子力学に基づいた理論です。電子は「**スピン**」*が±1/2という値をとる粒子（フェルミ粒子といいます）です。しかし、スピンが+1/2の電子と、−1/2の電子がペアになることによって、あたかもスピン0の粒子（ボース粒子といいます）のようにふるまいます。これがクーパー対です。

ボース粒子は、低温になると低エネルギー状態に凝縮するという性質があり、これ

＊「スピン」を日常生活にたとえるのは難しいのですが、強いて言えば「自転」のようなものです。ボールを机の上に置いて右回転をさせるか左回転をさせるか……がスピンの±に対応します。

が超伝導物質のいろいろな性質（抵抗ゼロ、マイスナー効果の他、比熱や電磁波の吸収具合など）をうまく説明してくれます。超伝導が初めて発見された1911年当時は、まだ量子力学が十分に完成していなかったので、原因の解明が遅れたのもやむを得ないでしょう。

近年は「高温超伝導体」という、わりと高温（といっても液体窒素でつくれるマイナス196℃より上という意味です）で超伝導になる物質の発見が相次いでいます。この現象に関しては、BCS理論ではうまく説明できない部分があるので、理論の修正が必要となっています。

超伝導にはいろいろな応用がいっぱい！

超伝導物質は、すでに病院のMRI（体を輪切りにした画像を撮る機械）や、試験走行中のJRのリニアモーターカーに使われています。これらの機器はどちらも強力な磁石が必要となるので、抵抗ゼロの導線に大電流を流すことで強力な電磁石をつくっています。高温超伝導体はまだ実用化されておらず、いまのところは超伝導物質をマイナス270℃近辺まで冷やす必要があります。

このような低温は、ヘリウムを液化するまで冷やす（マイナス269℃）ことで得られます。ただ、ヘリウムはかなり稀少な物質なので、いつまで安定的に供給されるかわかりません。それに比べて窒素は空気中にたくさんあるので*、液体窒素の温度で使える高温超伝導体が実用化されるとたいへん便利なのです。

* 空気中の約80％が窒素です。液体窒素はマイナス196℃まで冷やすことができます。

PART 5

もう一歩、自然を深く理解するための「物理」

01

コリオリの法則

▼北極からボールを日本に向かって投げてみると……

コリオリの法則

回転しながら物体の運動を観測するとき、物体の速度の向きに対して直角に力が働くように見える。回転が反時計回りの場合、この力は物体の進行方向に向かって右向きである。

「慣性の法則」（第1章5節）を頭に入れた上で電車に乗る生活を続けていると、「電車を外から見るとどう見えるか」という視点でものを考えられるようになります。例えば電車がブレーキをかけた場合、「電車は減速するけれども、自分（乗客）は減速しない」→「だから、電車の中から見ると自分は前のほうに動く」と考えられるようになります。

地球上でボールを遠投すると？

そういう思考回路で、すごく大きなスケールを考えてみましょう。ボールを思いっきり遠投している状況を「地球の外」から見てみるのです。話を簡単北極から日本に向かってボールを投げてみると…

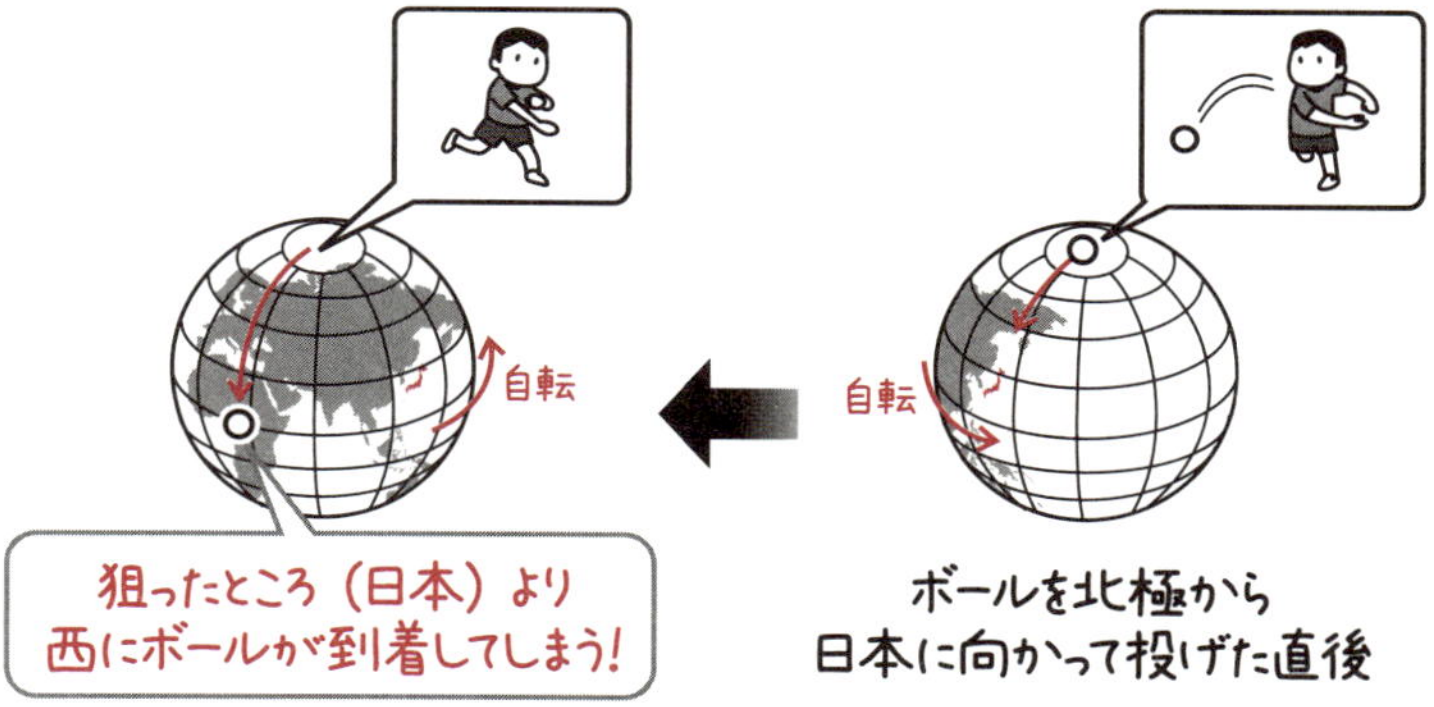
自転
自転
狙ったところ（日本）より
西にボールが到着してしまう！
ボールを北極から
日本に向かって投げた直後

にするために、いま自分が北極に立って、日本に向かってボールを投げるとしましょう。

これを地球の外から見ると、ボールは確かに投げ出された方向にまっすぐ飛んで行きます。これが慣性の法則ですね。

しかし、ボールが動いている間も、地球は西から東へ自転しているので、ボールは当初の予定よりも西にずれた位置に到着してしまうでしょう。南極から日本に向けて投げても同じことです。

つまり、地球上で南北にボールを投げて、それを地球上から観察すると、ボールには西向きに力が働くように感じられるということです。

回転する円盤上でボールを転がすと？

少し話を一般化するために、「自転する地球」

の代わりに「回転する円盤」を考えてみましょう。次ページの図のように、人が乗れるくらい大きな円盤が一定の速さで反時計回りに回転していて、その中心に立っていると想像してみてください。この回転の向きは、西から東へ自転する地球を、北極から見下ろしたのと同じ状況です。

そして、中心から外周の点Xに向けてボールを転がすとしましょう。ボールは一定の速さで外周に向けて転がります。図中の(a)～(f)は一定時間ごとのボールの位置を表わし、ボールが通過した位置が◆印になります。

この状況を円盤の外から見ると、ボールは点Xに向けてまっすぐに転がって行くのですが、円盤の回転に伴って点Xの位置が動いてしまうため、ボールは大きくずれた位置に到着してしまいます。

この状況を円盤（中心）に乗って観察するとどうでしょうか。円盤上についた◆印をなぞってみると、ボールが進行方向に向かって右向きにどんどん曲げられていくように見えるはずです（図中の(f)をご覧ください）。

「運動方程式」（第2章2節）に基づいてより詳しく解析をすると、次のことがわかります。「観測者が反時計回りをする物体を観察すると、進行方向に対して垂直右向きに力を受けているように見える。その力の大きさは、観測者の回転角速度と物体の速さに比例す

反時計まわりの円盤上でボールを転がしてみると…

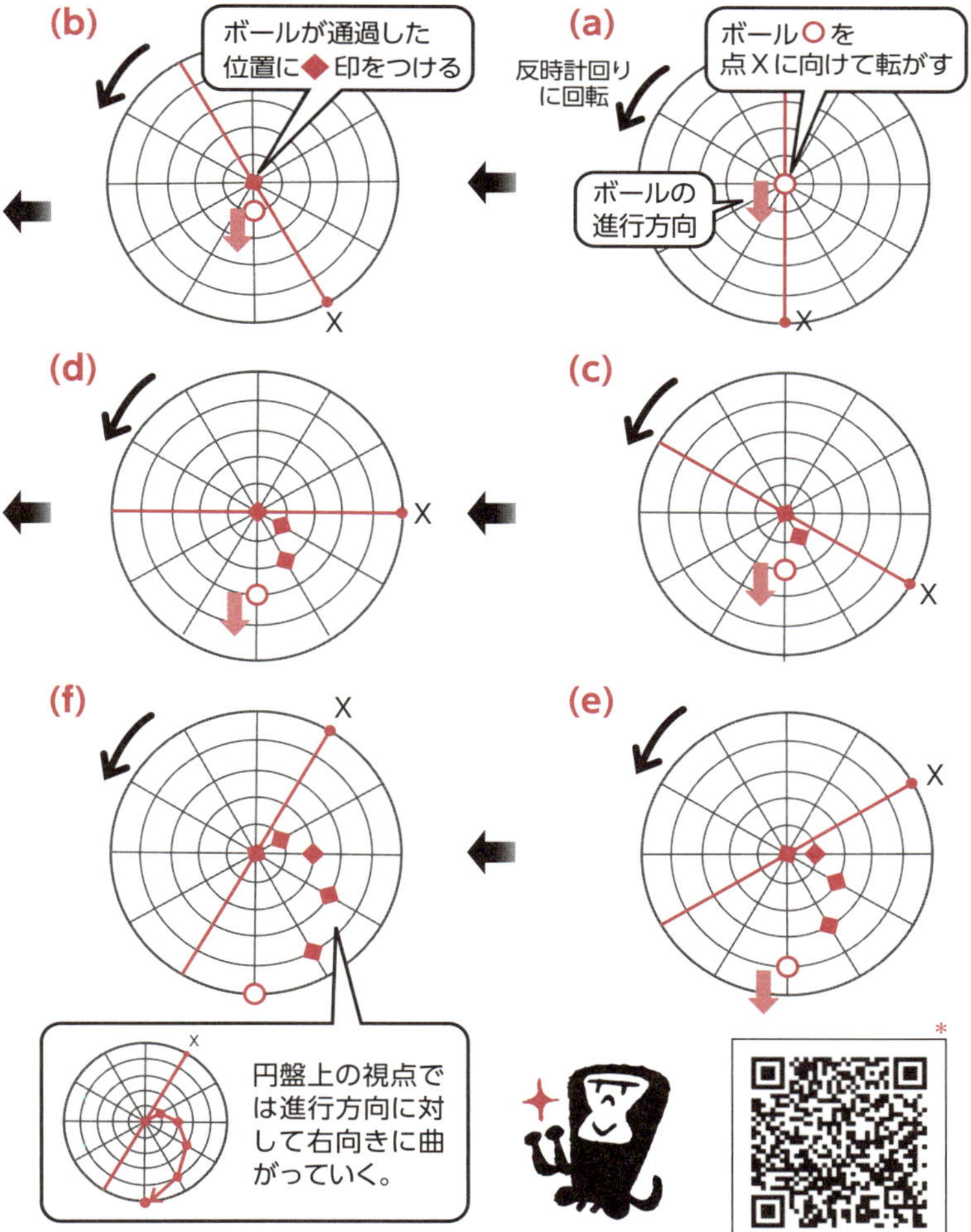

＊動画で説明したものが https://youtu.be/KhG_bjt7xiE にあります。なお、厳密にはこの図の状況には「遠心力」（第１章５節の後半）の効果も表れています。

る」と。この法則を、発表者の名から「**コリオリの法則**」と呼び、見かけ上、働いて見える力を「**コリオリの力**（または転向力）」と呼びます。ちなみに回転方向が時計回りになると、コリオリの力の向きは「進行方向に対して垂直左向き」となります。

北半球と南半球では台風の渦の向きが異なる？

コリオリの力が現れる現象として有名なのは、やはり台風の渦の向きでしょう。台風は中心の低気圧に向かって空気が吸い込まれていますが、そのときに北半球では「進行方向に対して垂直右向き」の力がかかります。ですから、次ページのように結果的には反時計回りのような渦巻になります。一方、南半球ではコリオリの力が逆向きになりますから、南半球の台風*は時計回りのような渦巻になるのです。

地球の自転に伴うコリオリの力は、基本的にはかなり大きな構造（台風など）に対して現れる現象ですから、「お風呂の栓を抜いたときの渦の向き」のような小さな構造とは関係がありません。実際、南半球に出張に行かれる機会のある方は、ご自宅と出張先のお風呂の渦の向きを観察してみてはいかがでしょうか。必ずしも、逆になるとは限らないはずです。

*「台風」とはアジア近辺（北半球の東経 100°～180°）に位置するものを指す用語です。アメリカあたりの台風は「ハリケーン」、その他の地域（南半球の多くもここに含まれます）の台風は「サイクロン」と呼ばれます。

台風に見る「コリオリの力」

台風（北半球）

サイクロン（南半球）

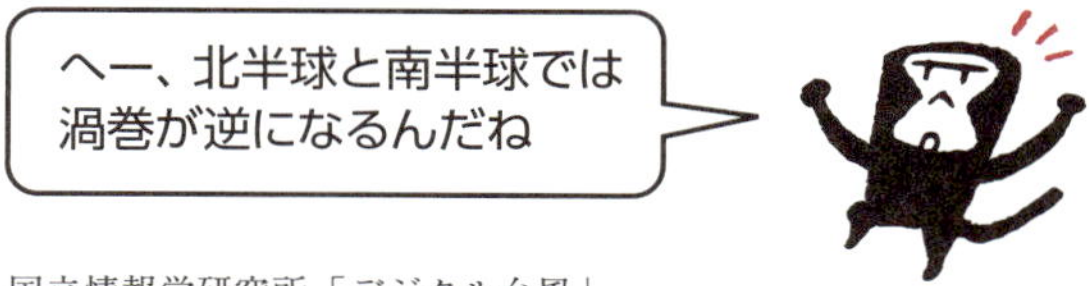
へー、北半球と南半球では
渦巻が逆になるんだね

画像提供：国立情報学研究所「デジタル台風」
http://agora.ex.nii.ac.jp/digital-typhoon/

02

レイリー散乱

▼地球と火星の夕焼けの色はなぜ違う？

レイリー散乱

光（電磁波）は粒子に当たると散乱される。粒子の大きさが光の波長に比べて十分小さい場合は、波長の短い光のほうが散乱されやすい。散乱のされやすさは波長の４乗に反比例する。

よく考えてみると、空の色は結構不思議なものです。昼間の空は太陽に照らされて色づいているわけですが、太陽の光の色はわりと白っぽいのに、どうして空は青くなるのでしょうか。そもそも空を見上げたときに青く見えるのは、太陽のある方角ではなくて何もない方角です。なぜ、何もないところが青く見えるのでしょうか。

青い光が優先的に散乱される

太陽の光はいろいろな波長の光が混じってできています。波長の長い光は赤色で、波長の短い光は紫色で、これらが混じると白っぽく見えるとい

なぜ、空は青く見えるのか？

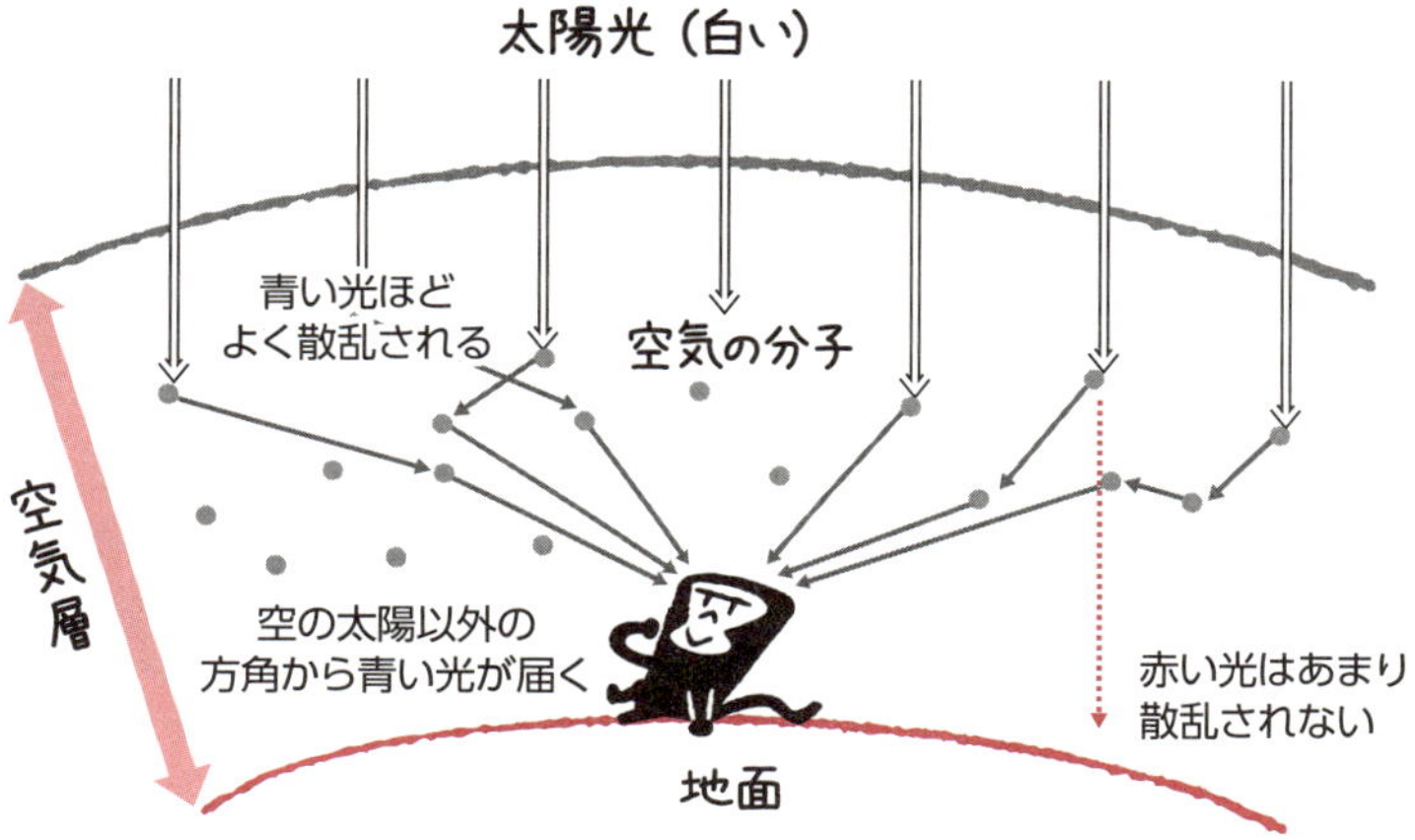

うわけです。

この太陽光が空気中の分子（酸素や窒素など）に当たると、ある確率で進行方向を変えられます。この現象が「**散乱**」です。散乱の起こりやすさは光（電磁波）の波長によって異なり、波長の短い光のほうがよく散乱されるのです。詳しい計算によると、「散乱のされやすさは波長の４乗に反比例する」ことがわかっています。この理論を、発見者の名をとって「**レイリー散乱**」と呼びます。

赤い光と青い光の波長は１・５倍程度違い、散乱のされやすさは$1.5^4 \fallingdotseq 5$で、約５倍違います。青い光は赤い光より約５倍散乱されやすいわけです。この現象は、光の波長に比べて散乱物質の大きさ

空気のない宇宙では空は「黒い」まま

http://www.nasa.gov/multimedia/imagegallery/image_feature_2059.html
(Image Credit: NASA)

が十分小さい場合に起こります。

つまり、空の色は何もないところが青く見えているのではなくて、空気の分子（光の波長よりずっと小さい）があるところが青く見えているということです。NASAが公開*している宇宙ステーションから撮影された太陽の画像を見ると、太陽は真っ暗な宇宙空間を背景に輝いています。このことからも、空気も何もないところは太陽光を散乱することができず、〝黒いまま〟であるということが理解できます。

朝焼けや夕焼けはなぜ赤い？

朝や夕方に空の色が赤くなるのも、レイリー散乱で説明できます。夕方の太陽

＊ 上記の画像はURLを入力するか、QRコードを読み込むことで、NASAの該当ページに飛ぶことができます（QRアプリが必要です）。

夕方には青い光は地上に届かず、赤い空になる

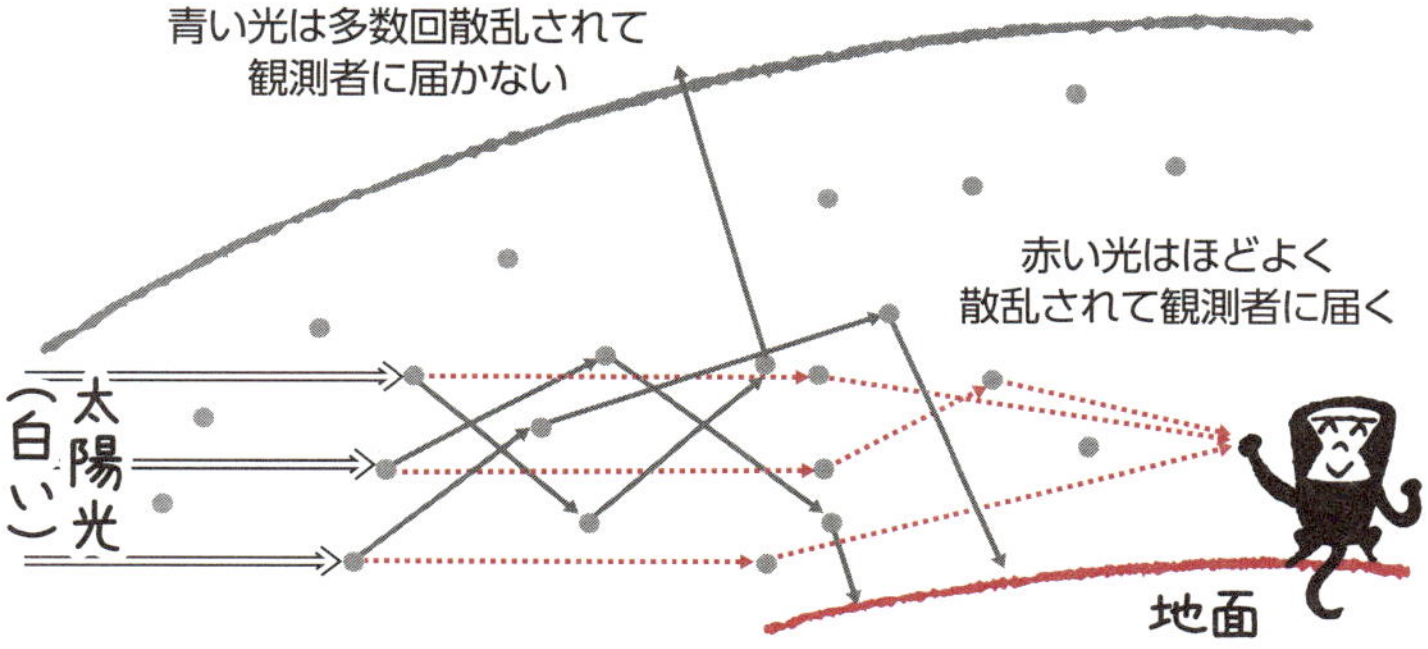

は、上図のようにかなり低いところにあります。このため、太陽光が地面に達するまでに通過する空気層の厚みが大変厚くなり、その結果、波長の短い（青い）光は何度も散乱されて、ほとんど地面まで届きません。赤い光も散乱されますが、ほどよく地面まで届くので、夕方に太陽の方角を見ると空が全体的に赤く見えるというわけです。

考えてみると、地球の空気の量は青空や夕焼けをつくるのにちょうどよい分量だといえるのかもしれません。空気の量が多すぎると、昼間でも太陽光が散乱されすぎて空が赤くなるかもしれませんし、逆に空気の量が少なすぎると、夕方になってようやく空が青くなるかもしれませ

火星の夕焼けは「青い」

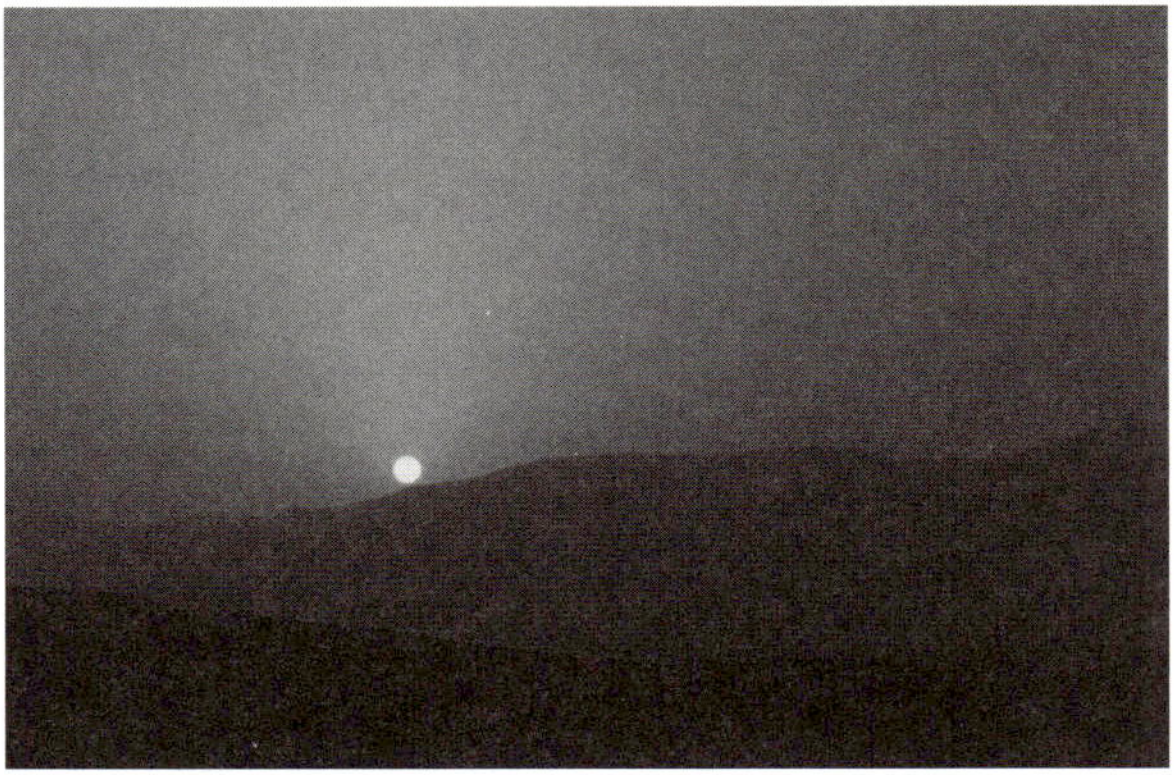

http://www.jpl.nasa.gov/spaceimages/details.php?id=pia19400
(Image credit: NASA/JPL-Caltech/MSSS/Texas A&M Univ.)

ん。

火星の夕焼けは青い

上記はＮＡＳＡの火星探査機が火星から撮影した日没の写真です。本書ではモノクロ写真ですが、オリジナルの写真は火星に漂っている酸化鉄などの微粒子によって光が散乱され青くなっています。酸化鉄は空気の分子に比べるとずっと大きいので、レイリー散乱ではなくて「**ミー散乱**」という理論が当てはまります。

この理論によれば、粒子の大きさが光の波長よりやや大きいぐらいの場合は、どの波長の光も均等に散乱されます。その場合、空は白っぽく見えるはずですが（地球上の雲が白く見えるのはこういう理由です）、火星の微粒子はそれより少し小さいため、たまたま都合よく「波長の長い光のほうがよく散乱される」という状況が成り立っているようです。ですから、地球の夕焼けとは逆に波長の短い青い光が地表に届くというわけです*。

毎日見ている空の色にも、やっぱり物理の原理が隠れているようです。「ちょうどよい空気の量だから、地球の空はこんなに青く美しい」「その空気のおかげで、私たちは生きていられる」——そんなことを知って改めて空を眺めてみると、その感慨とありがたみは、またひとしおです。

＊光の波長はおよそ 400 ～ 750nm ですので、雲の水滴（3000 ～ 10000nm）ではどの波長の光も均等に散乱されます。火星の微粒子（1000 ～ 2000nm）だと波長の長い光ほどよく散乱され、空気の分子（0.4nm 程度）だと波長の短い光ほどよく散乱されます。

03

ドップラー効果

▼遠ざかる救急車の音はなぜ低く聞こえるのか

ドップラー効果

音源と観測者が近づく場合は音が高く聞こえ、遠ざかる場合は低く聞こえる。理由は音源が動いている場合は音の波長が変化し、観測者が動いている場合は受け取る音波の個数が変化するため。同じことは光に対しても起こる。

「救急車が近づいて来るとサイレンの音が高く聞こえ、遠ざかるとサイレンの音が低く聞こえた……」という経験のある方は多いと思います。ちなみに筆者はサイレンを鳴らしながら停車中の救急車の脇を通過したことがありますが、その際も自分が救急車に近づいているときは音が高く聞こえ、救急車から遠ざかると音が低く聞こえました。

　要するに、音源と観測者が近づいているときは音が高く聞こえ、遠ざかっているときは音が低く聞こえるわけです。この現象が「**ドップラー効果**」です。なぜ、こんなことが起こるのでしょうか。

音波はどう伝わるのか

そもそも「音」とは、空気の分子が振動して伝わる「波」のことです。池に石を放り込むと波紋が丸く広がるように、空気中で何かを振動させればそこから音の波（音波）が丸く広がっていきます。音波が伝わる速さ（音速）は、およそ340m／sです。音波の伝わり方には次の二つの大きな原則があります。

原則①――音速は音源の速さとは無関係

これが第1の原則です。いい換えると、音源が止まっていても動いていても、「音は発生した地点からどの方向にも均等に（球状に）伝わる」ということです。

原則②――音の高さは音の振動数で決まる

これが第2の原則です。ここでいう振動数とは「1秒間に鼓膜が叩かれる回数」のことで、いい換えると「観測者を1秒あたりに通過する音の波紋の個数」ともいえます。振動数が多ければ音は高く、振動数が少なければ音は低く聞こえます。人間に聞こえる振動数はだいたい毎秒20～2万回ぐらいの間です。毎秒の回数を表わす単位「Hz《ヘルツ》」で表わすと、人間に聞こえるのは20～2万Hz*ということになります。

つまりドップラー効果とは、音源や観測者が動くことによって「観測者を1秒あたりに

＊筆者の周囲で測定してみたところ、人の話し声の周波数は恐らく100～1000Hz弱くらいです。環境省によると100Hzを下回るような音は「低周波音」と呼ばれ、不快感の原因になることもあるようです。

音源が止まっている場合、波紋は同心円状に広がる

(a) 音源が止まっている場合の波紋の広がり方

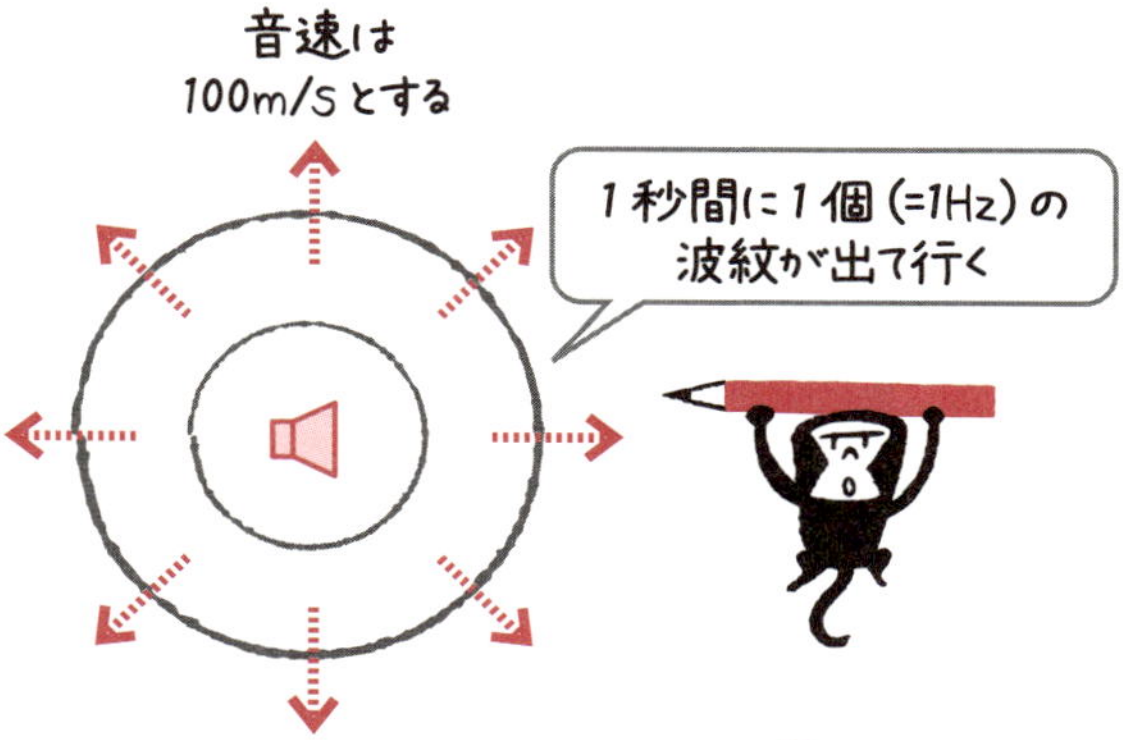

通過する波紋の数」が変化する現象だといえます。そのメカニズムは二つの現象の組合せです。以下で順番に見ていきましょう。

音源が動くと波長が変化する

音源が動くと、どのような現象が起こるのかを考えます。数値を簡単にするために、この音源は1秒間に1個の音（波紋）を出すものとします（つまり1Hzです）。また、音速は100m／sとします*。

図(a)のように、音源が止まっている場合は、音は同心円状に広がり、この円の半径が1秒ごとに100mずつ大きくなるという設定です。

では、この音源が右に向かって動くとどうなるでしょう。いま音源の速さを50m／

＊あくまでも「数値を簡単にするため」であって、実際の音速は1秒間に100mではなく、340m程度です（温度が高いと、音速も上がります）。

音源が動くと波紋がずれる

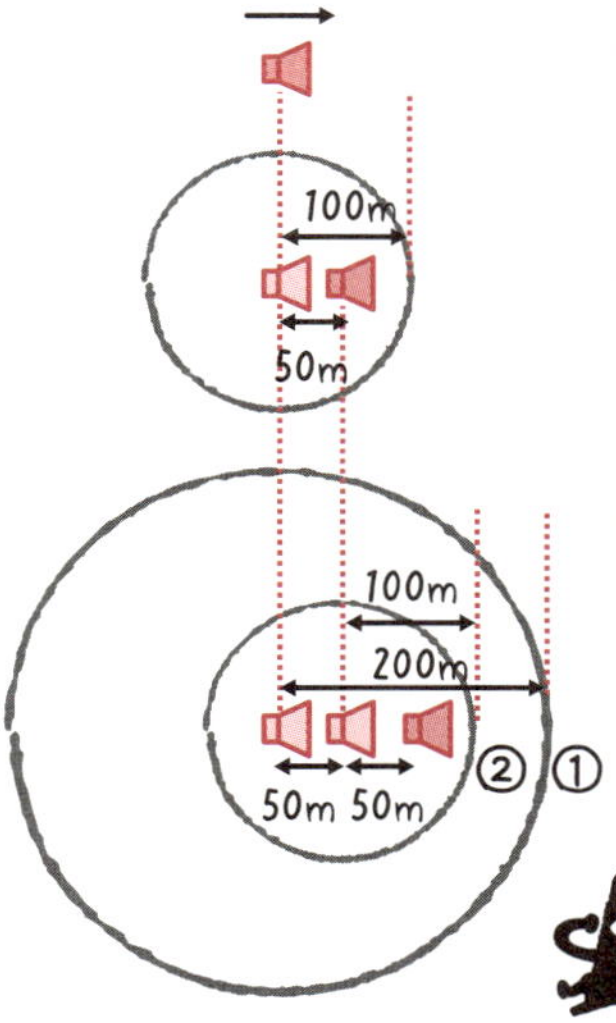

(b) 音源が50m/s で動きつつ音を出し始めた。

(c) 1秒後。最初の波紋は半径100mの円になり音源は最初の位置より右に50mずれている。

(d) 2秒後。最初の波紋①は半径200mの円に、2番目の波紋②は半径100mの円になっている。それらの中心は「音が発せられた場所」なので、波紋は同心円ではなくて少し右にずれて並ぶ。

sとし、最初の波紋を出して1秒経ったとします（図ⓒ）。最初の波紋は半径100mの円に広がっています。そして、音源はいままさに2個目の波紋を出そうとしていますが、音源の位置は最初よりも右に50mずれています。2個目の波紋はこの点から丸く広がっていきます。

　さらに1秒経つと（スタートから2秒後）、1個目の波紋①は半径200m、2個目の波紋②は半径100mに広がっていますが、2個目の波紋の中心は右にずれていることがわかります（図ⓓ）。そして3個目の波紋は、2個目の波紋の中心よりさらに右に50mずれたところから発

縮まった波紋を観測者が聞く

(e) 立ち止まった観測者がこの音を聞くと、毎秒100m分（つまり波紋2個分）の音を受け取るので、2Hzの音に聞こえる。

せられます。この繰り返しで、中心が次々に右にずれた波紋が広がっていきます。

この波を音源の右のほうに立っている観測者が聞くと、どのような音に聞こえるでしょう。一つひとつの波紋は100m／sで近づいてきますが、波紋と波紋の間の長さ（波長といいます）が50mに縮まっているので、1秒間に二つの波紋が観測者を通過することがわかります（図(e)）。つまり、音源自身は1Hzの音を出しているのに観測者は2Hzに聞こえている、というわけです。音源が右向きに動くことにより、短い長さにたくさんの音が押し込まれるため、観測者には短時間に数多くの音が届く、という理屈です。このような理由で、観測者に音源が向かって来ているときには、観測される音の振動数は元の振動数より高くなる（高い音に聞こえる）のです。

音源の左のほうに観測者が立っている場合は、逆に波長が150mに伸びているので、3秒で2個の波紋しか受け取れないことになります。したがって観測者はこの音を2／3Hz、つまり0・67Hzの音として聞くわけですから、音源が観測者から遠ざかっているときには音が低く聞こえるのも納得していただけると思います。

観測者が動いても波紋に影響はないけれど……

では、音源は止まっていて観測者が動いている場合を考えてみましょう。観測者が止まっていようが動いていようが、波紋の広がり方には影響はないので、波紋は音源を中心とした同心円状に100m／sで広がります。

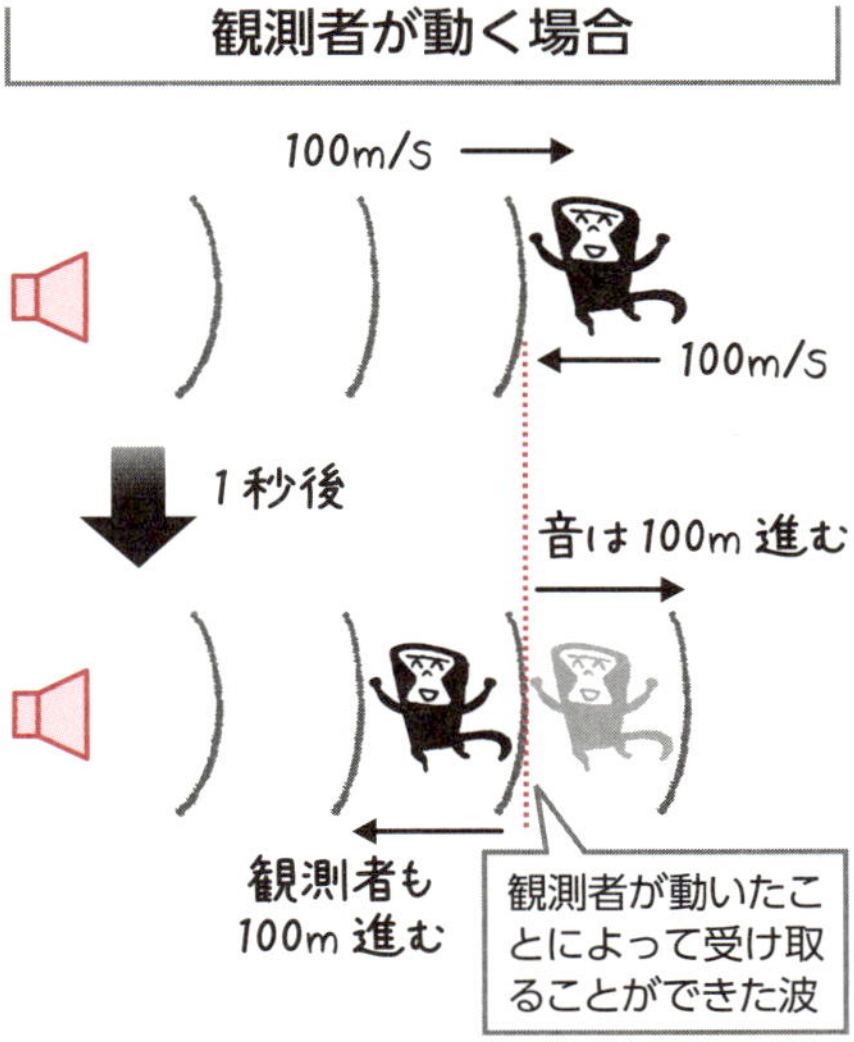

観測者が動く場合
100m/s
100m/s
1秒後
音は100m進む
観測者も100m進む
観測者が動いたことによって受け取ることができた波

ここで観測者が音源に向かって行くとどうでしょう。例えば、観測者が100m／sの速さで音源に近づいているとします。観測者が立ち止まっている場合は1秒に1個の波紋しか通過しませんが、観測者が自分で1秒間に100m動くこ

とによって、余分にもう1個の波紋を受け取ることができます。つまり1秒間に2個の波を受け取ることができ、観測される振動数は2Hzになります。観測者が自ら貪欲に音波を求めて動くため、毎秒受け取ることのできる波紋の個数が増える、というわけです。これが、観測者が音源に近づいたときに音が高く聞こえる理屈です。

観測者が音源から遠ざかる場合も同様に考えると、本来、観測者が立ち止まっていれば受け取ることのできた音から逃げて行くことになるので、毎秒受け取る波紋の個数が減ります。1秒間に1個波を受け取っていたのが、例えば2秒で1個になり、すなわち振動数が減る（音が低く聞こえる）というわけです。

こういった考え方に慣れると、救急車とすれ違うときに「音の波紋がどうなっているのか」「自分はその波紋の中をどう動いているのか」というイメージがわかってきます。

光のドップラー効果

ところで、光（電磁波）も波の一つですから、音と同じようなことが起こります。理論の枠組みは音の場合とちょっと違っていて、「特殊相対性理論」というものを使わないといけませんが、ともかく光源と観測者が互いに近づいている場合は振動数が多く、遠ざかっている場合は振動数が少なくなります。振動数が多いということは波長が短い、つまり光としては青っぽいということです。振動数が少なければ波長が長い、つまり赤っぽいということです。

光のドップラー効果は、音のドップラー効果（救急車など）のように身近に感じられません。それもそのはずで、ドップラー効果は、光源・音源や観測者の速さが「波の伝わる速さ」に比べて小さすぎるときにはほとんど目立たないのです。例えば、音源の速さが音速に比べて非常に小さい場合には、音波はほぼ同心円状に広がってドップラー効果はほぼ起こらない、とご理解いただけると思います。光速（約30万km／s）は音速（約３４０m／s）に比べてずっと速いので、光速と比べられるぐらいの速さで何かが動いている場合か、または非常に精密な測定を行なう場合にしかわからないわけです。

近づく恒星は青っぽく見える

光のドップラー効果が実際に観測されている例としては、星の動きに伴って星の色が変わる現象が挙げられます。例えば、ある星が地球に近づいている場合は、その星の本来の色よりも少し青く見えます。ですから、青くなったり赤くなったりを繰り返している星は、地球に対して近づいたり遠ざかったりしているのです*。太陽系外で新たに惑星が見つかる場合、多くはこの原理を利用しています。

＊銀河系から遠く離れた銀河ほど、より高速で銀河系から離れていこうとしているのが知られていますが、アンドロメダ銀河だけは銀河系に近づいている（将来、衝突する）ことが知られています。

あるいは野球中継で使われるスピードガンやスピード違反の取り締まりに使われるオービスは、対象物に電磁波を照射し、はね返ってきた電磁波の振動数がドップラー効果によって変化しているのを検出するしくみです。ここに挙げた例は、いずれも非常にわずかな変化を測定するしくみなので、「赤い光が青く見える」というような顕著なものではありません。こういう感覚がわかると、ドップラー効果に関するよく知られた以下のジョークを楽しんでいただけると思います。

信号無視でドライバーがパトカーに停められた。

警　官「きみぃ、赤信号が見えなかったのかね?」

ドライバー「お言葉ですがお巡りさん、私は信号に向かって近づいていたので、ドップラー効果のために信号の色が青に見えたのですよ」

警　官「何だと?　赤信号が青に見えるということは……(ドップラー効果の公式で計算中)……。光の速さの30%で走っていたというのか?　時速3億km以上だぞ。自白したということだな、逮捕!　投獄!」

生半可な物理の知識をひけらかすと、えらい目に遭うという見本のような話ですね。

04

ベルヌーイの定理

▼飛行機が揚力を得る原理を解明する

ベルヌーイの定理

圧縮できず、粘性もない流体を流れに沿って観察すると、

位置エネルギー ＋ 運動エネルギー ＋ 圧力
（流れの速さ）
＝ 一定

が成り立つ。

飛行機や大型客船に乗るとき、「こんな大きな金属の塊が、なんで空に浮いたり、海に浮かぶんだろう？」と不思議に思うことがあるでしょう。船が海に浮かぶのは「アルキメデスの原理（第1章8節）」で説明した浮力のおかげです。

しかし、飛行機が浮かぶ「空気」は海水に比べてずっと軽いので、機体を支えるほど大きな浮力を発生させることはできません。そこには、また別の原理が働いているのです。秘密は「翼を通過する空気の流れ」にあります。

道が狭くなると流速が増す

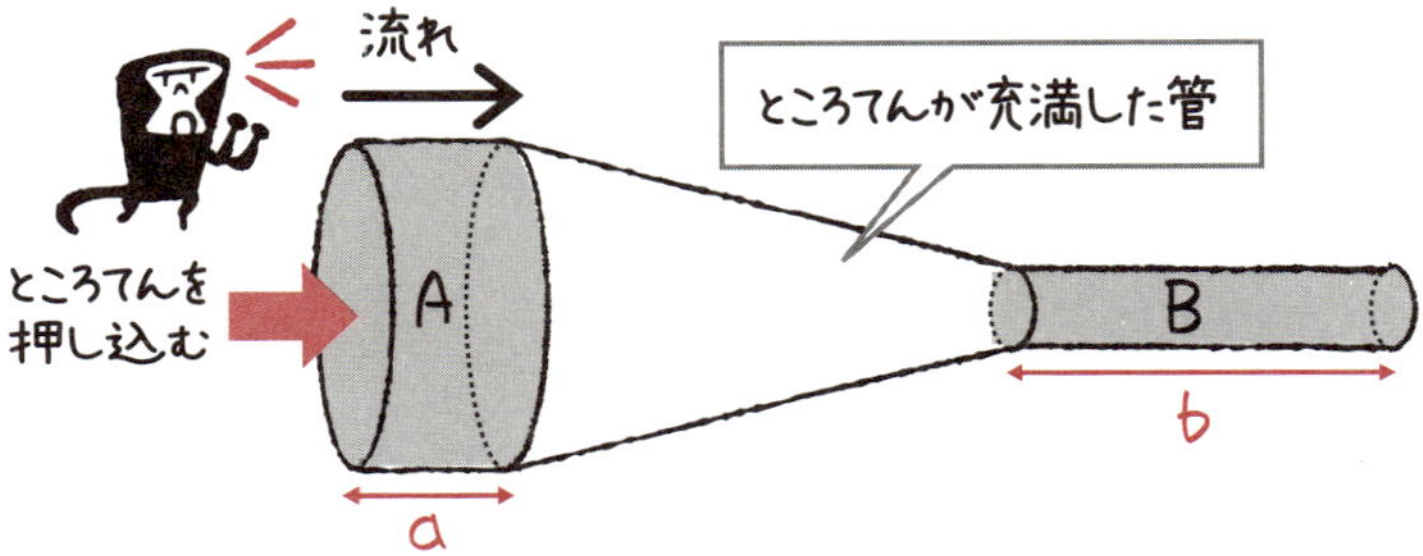

ところてんが圧縮できない場合、Aの部分のところてんを押し込むと、Bのように細長い領域に押し出される。
つまり同じ時間内に左のところてんは長さa、右のところてんは長さbだけ進むことになるから、速さが上がっていることになる。

流れる流体の速さはどう変化するか

いったん飛行機から離れて、流れる流体（空気や水などを考えてください）に注目してみましょう。この流体は圧縮できず*、粘性（流体内に働く摩擦力）もないとします。

流体が同じ高さのまま流れ、あるところで通り道が狭くなっているとします。圧縮できない流体なので、通り道が狭くなると流れは速くならないといけません。

ここで、「道が狭くなると、なぜ流れが速くなるのか？　詰まってしまって遅くなるのではないのか？」と思われるかもしれませんが、流れが速くなる理由は以下のようなことからです。

例えば上図のような管にところてんが充満

＊空気は厳密には圧縮できますが、ここでは無視できるものとします。

圧力は$P_1 > P_2$となる

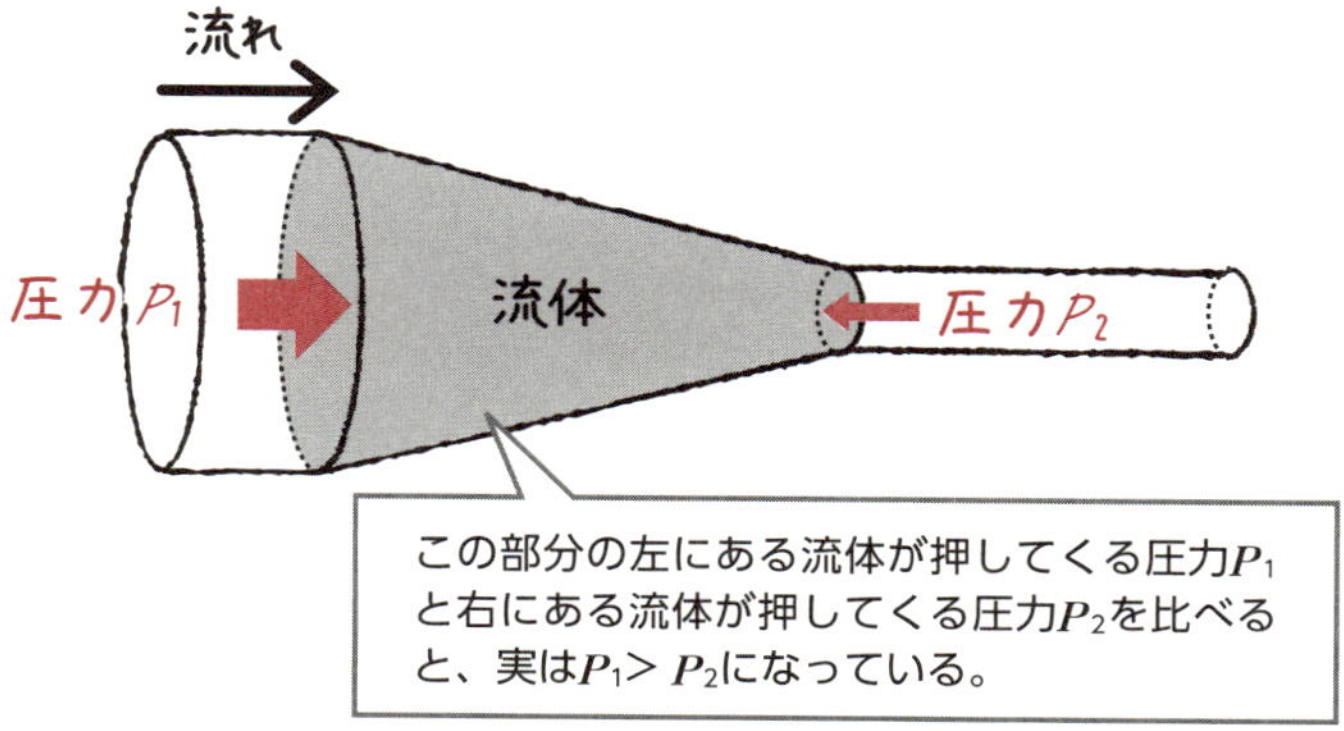
流れ
圧力P_1
流体
圧力P_2
この部分の左にある流体が押してくる圧力P_1と右にある流体が押してくる圧力P_2を比べると、実は$P_1 > P_2$になっている。

しているとしましょう。ところてんを左（管が太い側）から右（管が細い側）に向かって押し出すと、押し込まれた分（A）と押し出された分（B）の体積は同じになるので、管が細い分だけBのほうが長くなります。つまり、同じ時間内にところてんが動く距離が伸びている（同図のa→b）ので、「ところてんの速さが上がった」といえます。

他にも、身近なところではホースから水を出すときにホースの先をつぶすと勢いよく出る現象が、まさにこの「道が狭くなると速くなる」ということを表わしています。

ところで、流体といえども結局は原子とか分子でできているわけですから、力学の根本である「慣性の法則」の影響下にあります。すなわち、「力がかかっていなければ流体は

ベルヌーイの定理

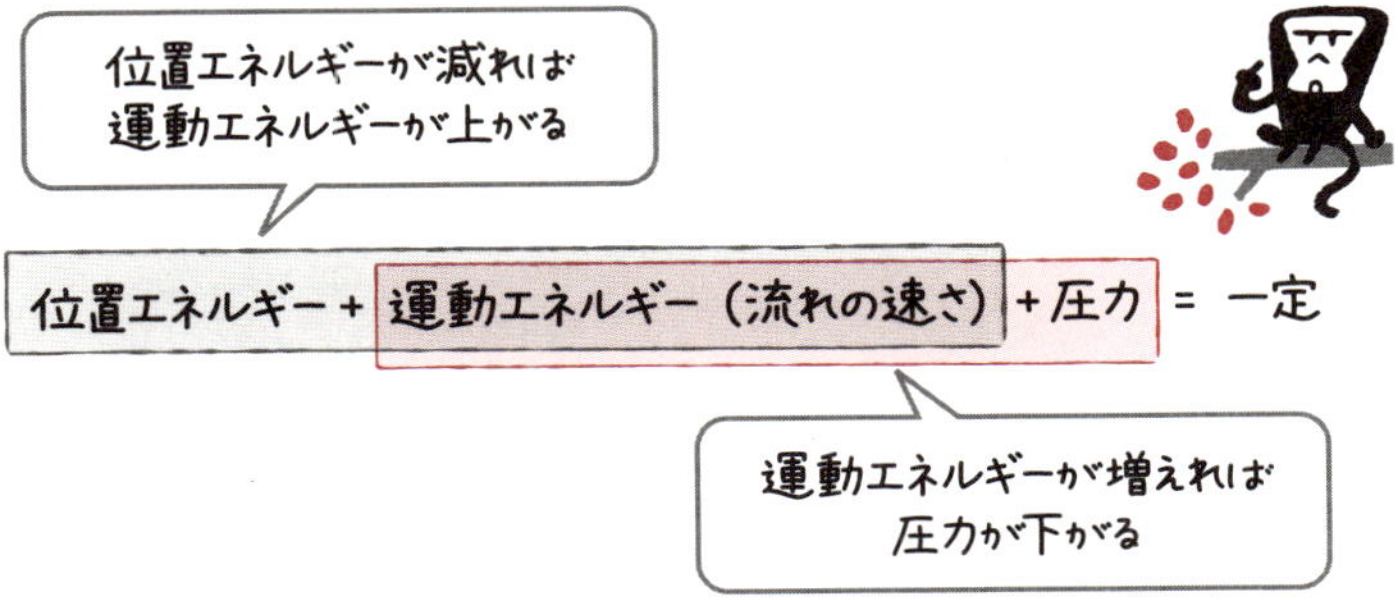
位置エネルギーが減れば
運動エネルギーが上がる
位置エネルギー＋運動エネルギー（流れの速さ）＋圧力＝一定
運動エネルギーが増えれば
圧力が下がる

等速直線運動を続ける」わけです。ということは、前述のように流体が速くなっている場合には、何らかの力が流体にかかっているはずです。

流体内の各部分は互いに押し合う「圧力」を及ぼし合っています。前ページの図でグレーに塗った部分（管が細くなっていく部分）の流体は、左からP_1の圧力、右からP_2の圧力で押されるわけです。詳しくは述べませんが、力学法則に基づいて考えると、同図のように管が細くなっている場合にはP_1よりP_2のほうが小さくなることが導かれます。管が細くなると、流体が速くなり、圧力は下がるというわけです。ここまでわかったことを式で表わすと、

運動エネルギー（流れの速さ）＋圧力＝一定

となります。この式は発見者であるスイスの数学者であり物理学者でもあるダニエル・ベルヌーイの名から、「**ベルヌーイの定理**」*と呼ばれます。「運動

＊ベルヌーイの一族は主に数学の分野で顕著な業績を残し、3代で8人の数学者・物理学者を輩出しています。「ベルヌーイの〜」と名の付く数学上の定理が多数あります。

エネルギーが上がれば、圧力が下がる」ということです。

なお、ここまでの説明では流体が水平に流れる状況を想定しています。もし流体が高い所から低い所に落ちることがあるなら（またはその逆）、「力学的エネルギー保存の法則」で述べたように「位置エネルギーが下がれば、運動エネルギーが上がる」ということも成り立ちます。そのことも含めると、次のような式になります。これが一般的に「ベルヌーイの定理」として紹介されている式です。

位置エネルギー ＋ 運動エネルギー（流れの速さ）＋ 圧力 ＝ 一定

空気は圧縮できて粘性もありますので、厳密には成り立たないのですが、近似的に成り立つ局面では、この式に基づいて考えていきます。

飛行機はどうして浮かぶのか？

飛行機が前進しているとき、翼には前方から風が当たります。空気は翼に当たると上と下に分かれるわけですが、このとき翼の角度が適切な範囲内に収まっていると、翼の上を通過する空気のスピードのほうが速くなります*。

一緒に流れてきた空気が二つに分かれて、上側だけ空気のスピードが上がっているわけですから、ベルヌーイの定理から上側の空気の圧力が低下することがわかります。したが

＊「翼の上側が膨らんでいるから、翼の上を通った空気と下を通った空気が同時に翼の後ろで出会うためには、翼の上を通る空気のほうが速くなければならない」という説明を目にすることがありますが、これは根拠のない説明です。

揚力の原理

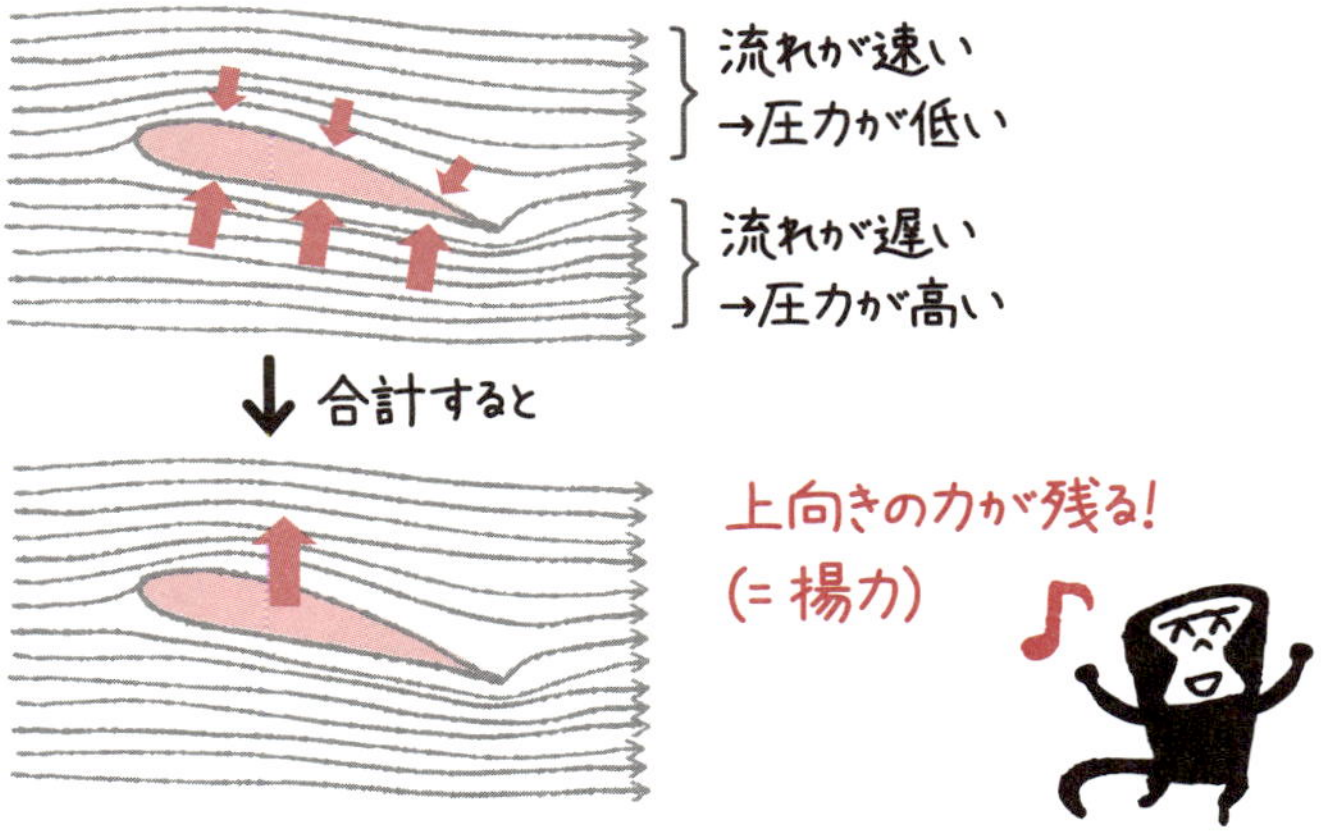

って、翼を下から押し上げる圧力のほうが大きくなるため、飛行機は上向きに持ち上げられるというわけです。この上向きの力を「**揚力**《ようりょく》」といいます。

揚力は浮力と違って、流れのある流体中でしか発生できません。しかも飛行機の場合は翼の角度の取り方によって揚力が変わってきます。

こうやって考えると、やはり飛行機が空気中に浮かぶというのは、なかなか大変なことだなあと改めて感じてしまいますね。

PART 6

ミクロの世界から宇宙の果てまでの「物理」

01

光速度不変の原理

▼光の速さは誰から見ても同じ

光速度不変の原理

どんな速度で運動する観測者にとっても、光の速度は同じ（約30万km/s）である。

花火大会や野球観戦に行くと、音と光の速さの差を痛感します。パァッと花火が開き、それからドンと音が聞こえるまでに数秒かかります。野球でも同様で、外野席で観戦していると、バッターがボールを打ったのが見えてからわずかに遅れて音が聞こえて来ます。約３４０ｍ／ｓの音の速さに対し、光の速さは約30万㎞／ｓで、百万倍近く光のほうが速いわけです。

光の速度は誰に対しても同じ

音と光には、速さの他にも大きな違いがあります。それは観測者が動いている場合に顕著になります。こちらに伝わって来る音に対して観測者が近づくと、観測者に対する

秒速10万kmで近づいても光速は同じ？

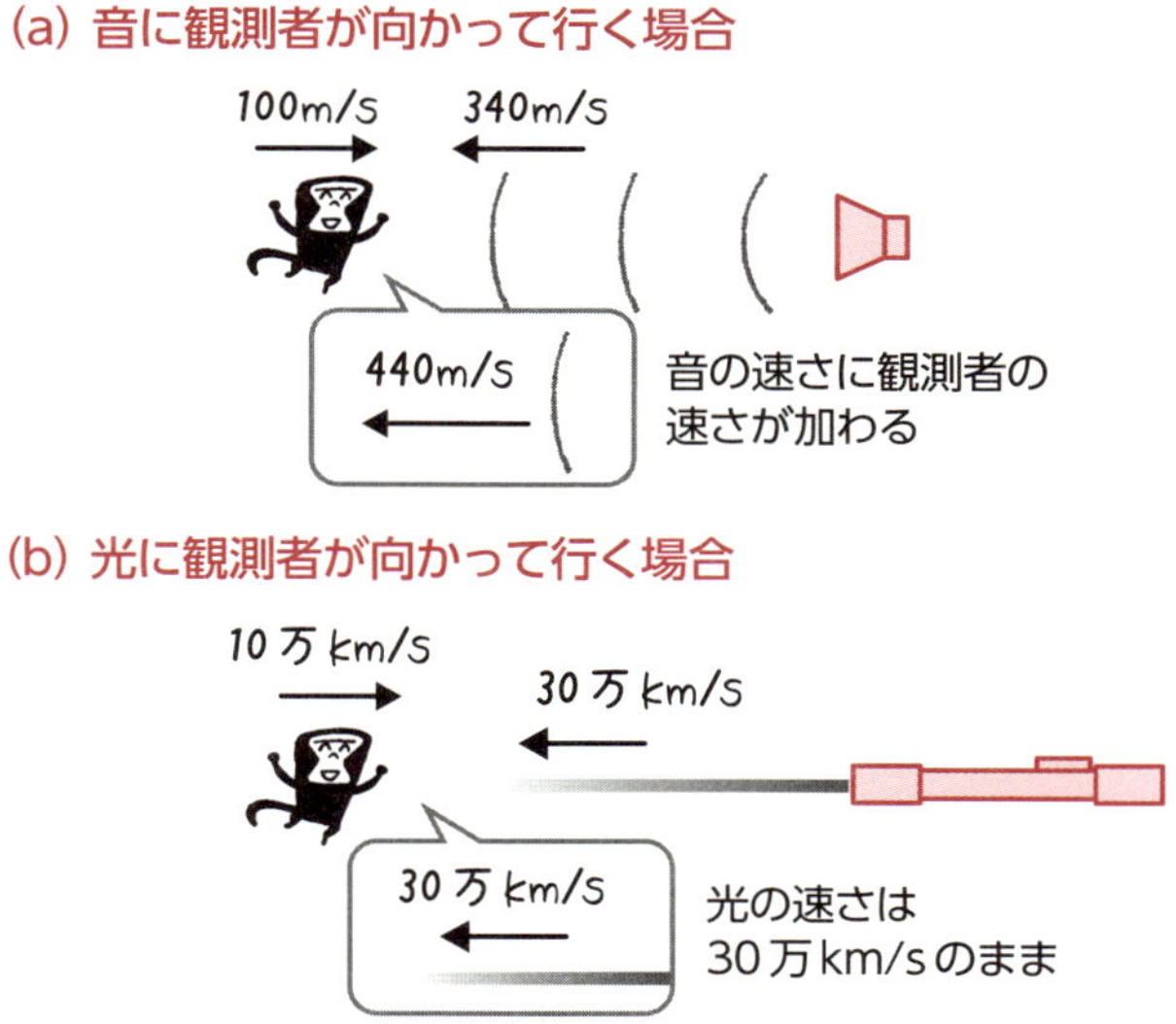

音の速さは上がります。図の(a)のように、右側から３４０ｍ／ｓで伝わって来る音に向かって観測者が１００ｍ／ｓで走って行くと、観測者に近づく音の速さは次のようになります。

340 + 100 = 440m/s

ところが、光の場合はこれが成り立ちません。図の(b)のように、右側から30万km／sで伝わって来る光に対して観測者が10万km／sで近づく場合も、光の速さはなぜか30万km／sと観測されます。

１８８７年に、アメリカの物理学者マイケルソンとモーリーが初めてこのことを実験的に明らかにしました。彼らは非常に精密な装置を用いて、地球の公転方向から来る光と地球の公転に対して直角な向きから来る光を比較し、光の速さがどの程度違うかを検出しようとしました。

音と同じように考えると、地球の公転方向から来る光は速くなるはずです。ちなみに地球の公転の速さは約30㎞／sで、光の速さの1万分の1しかないので、たいへん精密な実験だったといえます。ところが、どれだけ実験を行なっても、どの方向から来る光にも速さの違いを検出できなかったのです。

この結果を説明するために、さまざまな説が提唱されましたが、アインシュタインはむしろ「光とはそういうものだ」というところからスタートしました。すなわち「どんな速度で運動する観測者にとっても、光の速度は同じ（30万㎞／s）である」ということを根本原理としたのです。これを「**光速度不変の原理**」と呼びます。

この原理と、もう一つ「ある慣性系で成り立つ物理法則は、その慣性系に対して等速直線運動する別の観測者に対しても同様に成り立つ」という原理（「**相対性原理**」といいます）に基づいて彼が構築したのが、今日「**特殊相対性理論**」と呼ばれているものです。

特殊相対性理論の全貌に踏み込むのはなかなか難しいので、本節では特に「光速度不変の原理」に基づいて理解できる面白い現象を二つご紹介したいと思います。

観測者によって同時かどうかの結果が分かれる

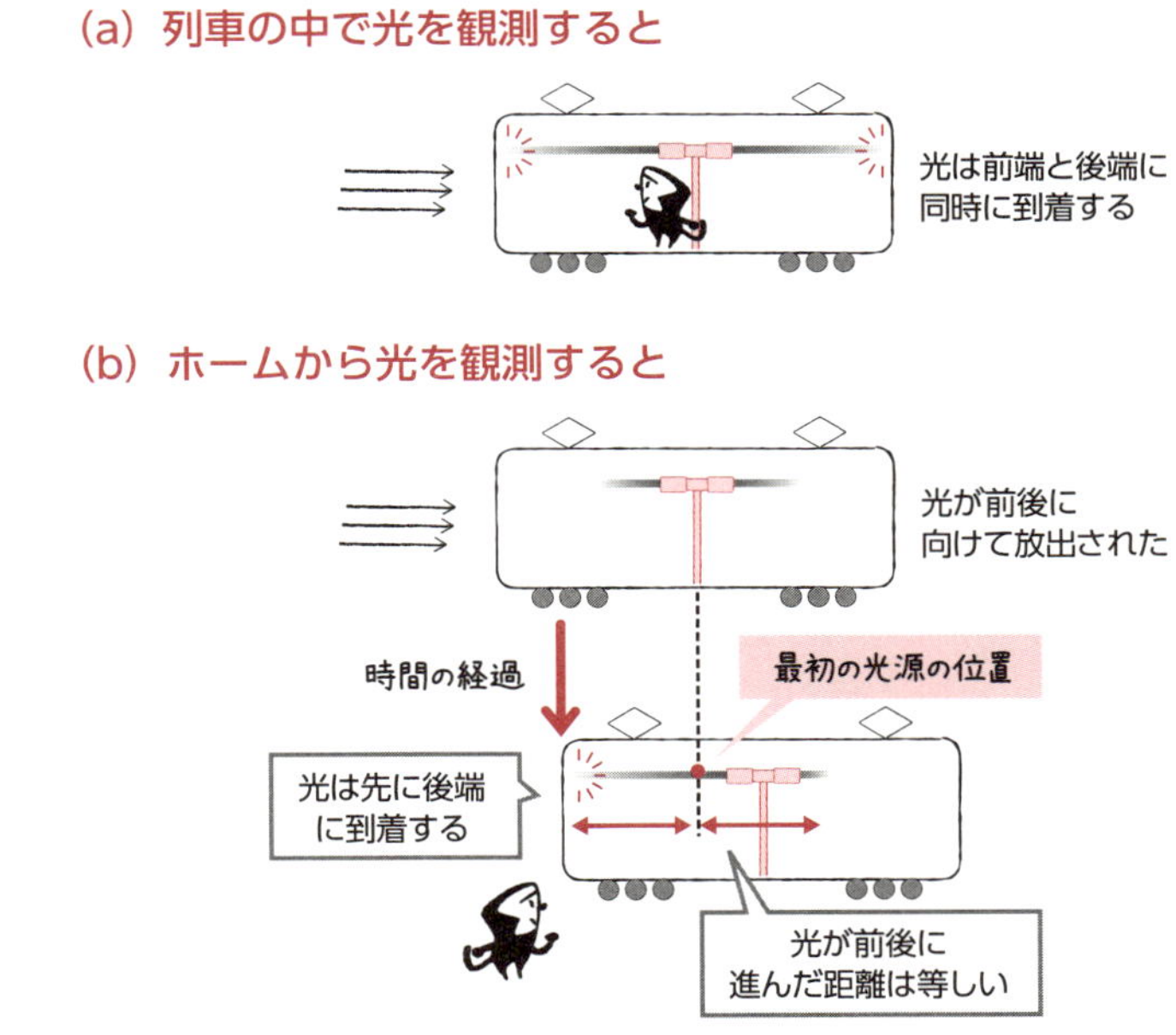
(a) 列車の中で光を観測すると
光は前端と後端に
同時に到着する
(b) ホームから光を観測すると
光が前後に
向けて放出された
時間の経過
最初の光源の位置
光は先に後端
に到着する
光が前後に
進んだ距離は等しい

同時かどうかは相対的

いま、上図のように走っている列車のちょうど真ん中に光源があり、前後に向けて光が放出されるとします。この状況を、列車の中に立っている人とホームに立っている人のそれぞれが観察するとどう見えるでしょうか。

まず列車の中に立っている人の視点で考えましょう。「光速度不変の原理」により、この人にとって光は30万km／sで前後に伝わります。ですから、列車のちょうど中央から発せられた光は、前端と後端に同時に到着します（図の(a)）。

ホームに立っている人から見るとどうでしょうか。やはり「光速度不変の原理」により、この人にとっても光は30万km／sで前後に伝わります。ここで注意点としては、光は「発せられた場所から」30万km／sで伝わるということです。すると、後ろに向かった光に対しては列車の後端が迫って来るのに対し、前に向かった光からは列車の前端が逃げて行くことになり、光は後端のほうに先に到着します（図の(b)）。

このような時間に関する性質のことを「**同時刻の相対性**」と呼びます。二つの事象が同時かどうかは絶対的に決まっているわけではなく、観測者によって結果が分かれるという性質です。

念のためですが、これは「列車の端に光が到着したことを観測者が観測する（認識する）までにタイムラグがある」ことに起因するのではありません。ここで「観測する」というのは次のような意味です。例えばホームにはギッシリ隙間なく大勢の観測者（全員が同期した時計を持っている）を並べておいて、光が端に達したときにすぐそばにいる観測者が時刻を書き留める……という方式です。つまり、事象が起きてからそのことが観測されるまでのタイムラグはないということです。

列車内の時間が遅れて見える

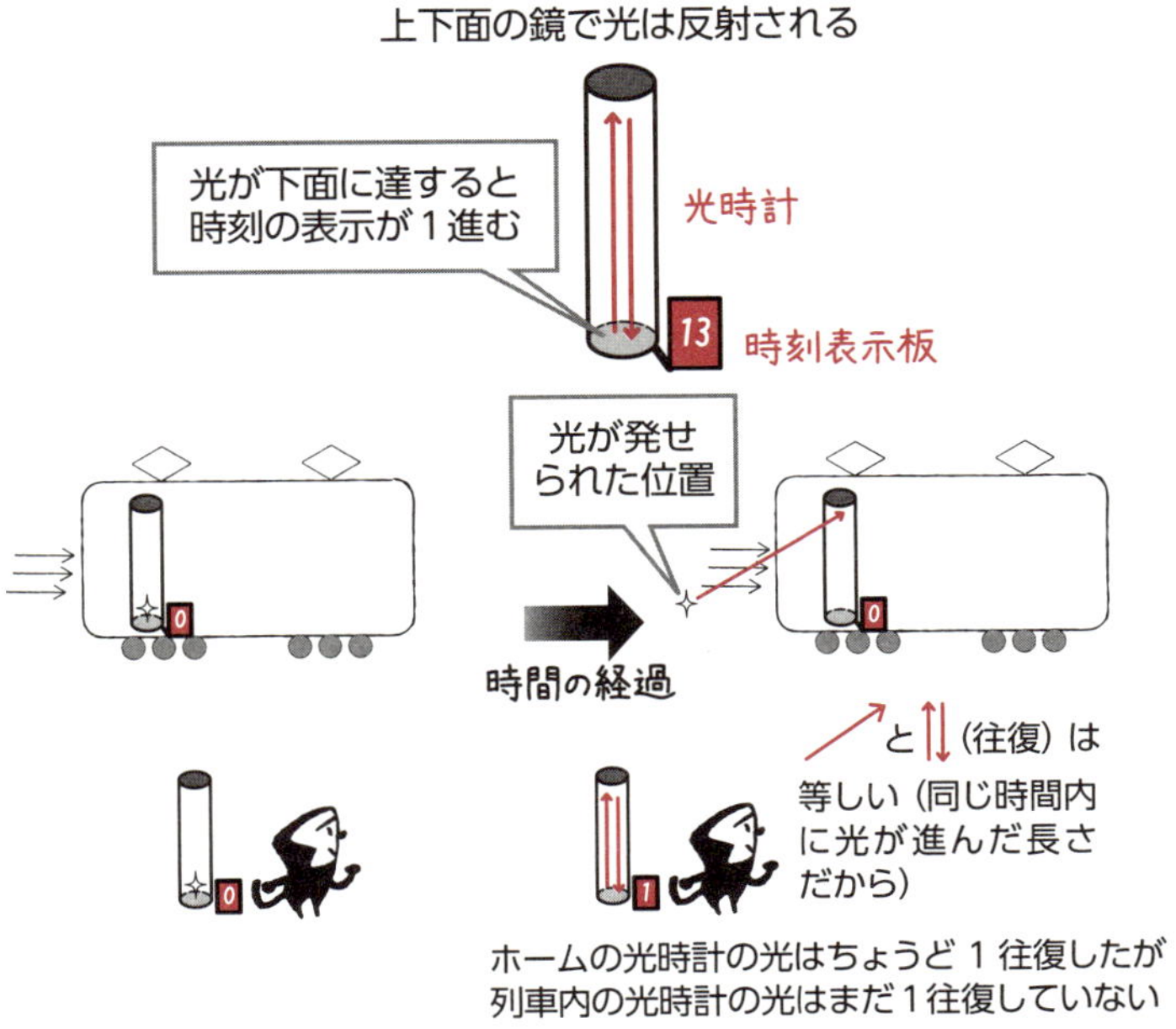
上下面の鏡で光は反射される
光が下面に達すると時刻の表示が１進む
光時計
13
時刻表示板
光が発せられた位置
0
0
時間の経過
と（往復）は等しい（同じ時間内に光が進んだ長さだから）
0
1
ホームの光時計の光はちょうど１往復したが
列車内の光時計の光はまだ１往復していない

動いている人の時間は遅く流れて見える

次に、列車の中とホームに大がかりな時計を設置してみましょう。この時計は列車の進行方向に対して垂直な筒と、時刻を表示する表示板でできています。筒の上下の面には鏡が設置してあり、光は鏡で反射することにより筒の中を上下に往復します。下の面には光を検知するセンサーがついており、光が下の面に達するたびに表示板の数値を1増やすというしくみです。これを「光時計」と呼びます。

ホームに立っている観測者が、ホームの光時計と列車内の光時計の両方を観測するとどう見えるでしょう。列車内の光時計の中を光が往復する際、光の経路は図のように斜めに観測されるはずです。ということは、ホームの光時計の光が1往復する間に、列車の光時計の光はまだ1往復できないことになります。これを繰り返していくと、ホームの光時計に表示される時間の数値に比べ、列車内のそれはどんどん遅れていくことになります。すなわち、ホームから列車内を観測すると、列車内の時間の流れは遅くなるということです。列車のスピードが速ければ速いほど、1往復に要する光の経路が長くなるので、列車内の時間の流れはどんどん遅くなります。

「これは光時計という道具に特有な現象じゃないの？」と思われるかもしれませんが、実際にこのような「時間そのものの遅れ」は観測されています。有名なところでは、大気の上層部で発生するミューオン（μ粒子）という素粒子です。この素粒子は非常に短時間のうちに他の粒子に変化してしまう性質を持っています（このことを「寿命が短い」と表現します）。ですから、時間の遅れがなければ地上にはほとんど到達しないはずですが、実際にはたくさんのミューオンが地表付近で検出されます。これはミューオンが非常に高速で飛んでいるために、時間の遅れが顕著*になり、ミューオンの寿命が来る前に地表に達

＊もちろんミューオンの寿命だけでなくあらゆる時間が遅れるので、例えば高速で動いている人間の老化スピードなども遅くなります。

することができていることを表わします。

他にも、特殊相対性理論からは「動いている物体の長さが縮む」ことも導き出されます。何とも奇妙な話ですが、光の速さを絶対的な基準に据えたため、時間や距離のほうが絶対的な地位から下ろされた、ということです。

前述のミューオンの例のように、実際にこれらの効果は観測されています。ただ、動く物体の速さが光の速さに比べて非常に小さい場合はこれらの効果はあまり目立ちません（例えば、光時計の光の経路があまり斜めになりません）。日常生活では感じることができないというわけなんですね。

02

質量とエネルギーの等価性

▼質量に秘められた莫大な力とは

質量とエネルギーの等価性

物体に仕事（力 × 距離）を加えると、
運動エネルギーだけでなく
質量エネルギーも増加する。
静止した物体の質量エネルギーは、

$$E = mc^2$$

E：物体が静止している場合のエネルギー（J）
m：静止時の物体の質量（kg）
c：光速（m/s）

と表わされる。
この式は m(kg) の質量が消滅すれば mc^2 (J) のエネルギーに変わることを意味する。

前節で見てきたように、ある観測者Aに対して動いている別の観測者Bにはいろいろと不思議なことが起こります。観測者Bの速さが遅い場合はほとんど影響ありませんが、光の速さ（光速）に比べて無視できないような速さになってくると、さまざまな影響（例えば観測者Aから見たときに観測者Bの時間の流れが遅くなること）が大きくなるのでした。

では一体、観測者Bは（あるいは一般的に物体は）どのくらい速くなれる

運動方程式

$$ma = F$$

m：物体の質量

a：物体に生じる加速度

F：物体に加えられている力

のでしょうか。速ければ速いほど面白そうですが、残念ながら上限値が決まっています。

速くなると質量が増えて加速しにくくなる

特殊相対性理論の一つの予言として、「物体にどんなに強い力をどれほど長時間かけても、速さは光速を超えられない」というものがあります。これは少々不思議です。というのも、第2章2節で見た運動方程式（$ma = F$）に表わされているように、物体に加えられている力Fと加速度aは比例関係にあるからです。本節では特殊相対性理論の話をしていますが、いままで正しさが実証されてきた運動方程式が無効になるわけではないので矛盾する話は困ります。

秘密はm（質量）にあります。速さが大きくなると質量が大きくなり、速さが光速に近づくと質量はいくらでも（無限に）大きくなるのです（次ページ上図参

光速に近づくと質量は無限に大きくなる

物体の速さと質量の関係

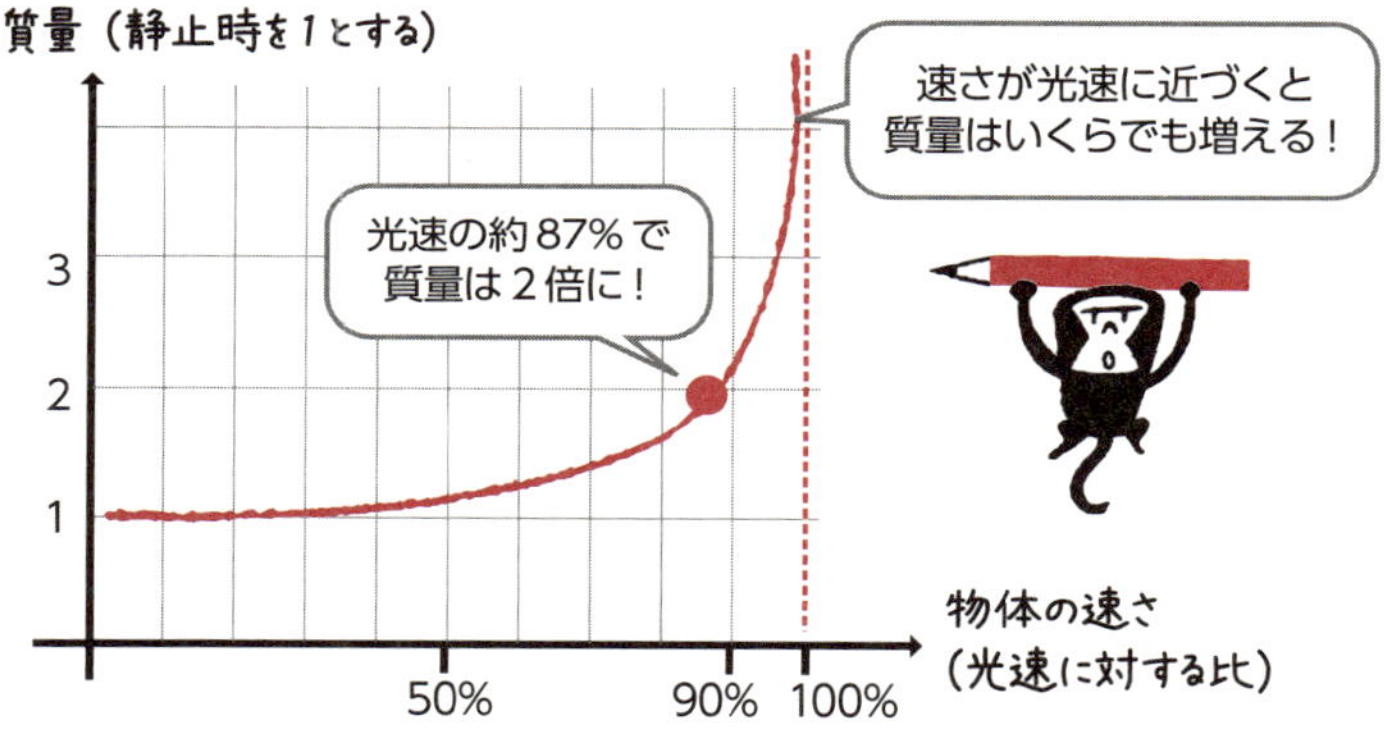

光速に近づくと加速度が0に近づく

速さの増え方（一定の力を加え続けた場合）

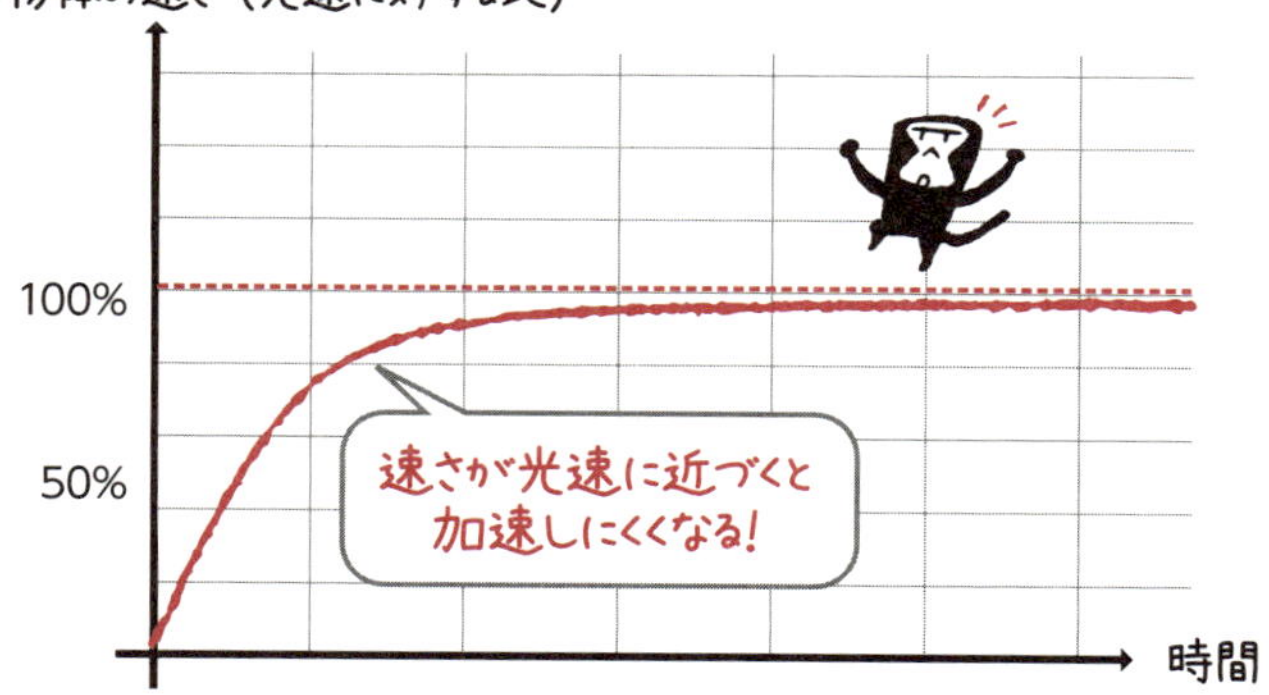

照）。そのため、一定の力Fを加えている場合は、速くなってくると加速度が小さくなるというわけです（前ページ下図参照）。素粒子の研究や最先端の医療では、電子や陽子などの粒子、あるいはもっと重いイオンを光速近くまで加速するということが行なわれていますが、その際にはこの質量増大の効果をあらかじめ考慮に入れて加速器の設計を行ないます。

それにしても、運動している物体の質量が増える、とはどういうことでしょうか。増えるからといっても、物体を構成する原子の個数が増えるわけではありません。そもそも質量とは、運動方程式からもわかるように「力が加わったときの加速のされにくさ」を表わす量です。どういうわけか*速さが大きくなると質量が増えるのです。ひとまず、このことを受け入れて読み進めていただきたいと思います。

加えられた仕事が質量になる

第2章4節では、物体に加えられた仕事（力×距離）が物体の運動エネルギーを増やすという法則をご紹介しました。しかし、ここまで述べてきたことからすると、物体の速さが光速に近くなると「仕事を加えても運動エネルギーがあまり増えなくなる」ということになりそうです。

*「どういうわけか」とありますが、「相対性原理」＝「ある慣性系で成り立つ物理法則は、その慣性系に対して等速直線運動する別の観測者に対しても同様に成り立つという原理」を満たすように運動方程式を修正したことが原因です。

質量とエネルギーの等価性を表わす式

$$E = mc^2$$

E ：物体が静止している場合のエネルギー（J）
m ：静止時の物体の質量（kg）
c ：光速（m/s）

加えた仕事はムダになるのかと思ってしまいますが、そういうわけではありません。特殊相対性理論の枠組みでは、運動エネルギーに加えて質量もエネルギーと等価であり、両者をまとめて「エネルギー」と呼びます。そして、加えられた仕事の分だけ、そのエネルギーが増えます。つまり、加えた仕事は運動エネルギーと質量エネルギーの両方を増やすというわけです。特殊相対性理論が出るまでは、質量はエネルギーとは無関係な物体の性質だと思われていましたが、実は〝質量もエネルギーの一種〟なのです。

エネルギーの中から質量エネルギーだけを取り出して式で示すことはできませんが、物体が静止している場合のエネルギーは、そのときの質量エネルギーそのものを表わしています。それは上のような簡単な式で表わされます。

試しに物体の質量が1kgの場合で考えてみましょう。この式のmに1を代入すればＯＫです。cは約30万㎞／ｓなので、単位をｍ／ｓに直すと3億ｍ／ｓです。すると次のような値が算出されます。

E = 1 × 3億^2 = 9京（J）

なんと、9京Jです。数が大きすぎてまったくイメージできませんね。ちなみに、1リットルの水を0℃から100℃まで温めるために必要な熱量が約42万Jです。9京Jを42万Jで割って「どのくらいの水を0℃から100℃まで温めることができるか」を求めてみましょう。

9京(J) ÷ 42万(J) ≒ 2100億

9京Jのエネルギーを用いれば、2100億リットルもの水を0℃から100℃にまで温めることができる、という計算です。日本人全体が1日に使用する生活用水の量が約350億リットルだそうですから、1kgの静止物体が持つ質量エネルギーがいかに大きいかがわかります。

もっとも、何の理由もなくその辺の物体が消滅してエネルギーに変わることはありません。「ちょっと暖を取りたいから、このチリ紙を消滅させてエネルギーに変えよう」ということもできません*。

質量がエネルギーに変わるためには、化学反応とか原子核反応のように決まったメカニズムが必要です。水素が酸素と結びついて水になるなどの化学反応では質量の減少はごく

＊ちなみにティッシュペーパー1枚の質量は1g程度ですから、$E=mc^2$ に当てはめると90兆Jとなりますので、「暖を取る」にはちょっと多すぎるエネルギーではあります。

わずかで（そのため通常は気づくことがありません）、得られるエネルギーもわずかです。しかし原子核反応*では質量の減少が大きく、得られるエネルギーも大きくなります。いわゆる「原子力」とは、原子核反応によって減少した質量によって得られたエネルギーを指します。原子力発電や原子爆弾などはこのエネルギーを利用しているのです。

筆者が学生時代に初めて特殊相対性理論を勉強したとき、「光速度不変の原理」と「相対性原理」を満たすように運動方程式を拡張していくと、自然と質量エネルギーの存在が示されるということにたいそう驚き、また感動したものです。シンプルな洞察と堅固な論理構築によって、自然界に潜む法則を見出す物理学とは何と素晴らしいものかと。

ただ、この質量エネルギーを明確な意図を持って応用すると、原爆のようなものができてしまうのもまた事実です。アインシュタインは原爆の開発にはほとんどタッチしていませんが、それでも原爆投下に対する責任を痛感し、晩年を平和活動に費やしました。科学には、「自然との対話」というある種ニュートラルな部分の他に、人間社会とのつながりで善にも悪にもなり得る部分があるのだということを物語る一つの事例かと思います。

＊小さな原子核どうしがくっついて一つになったり、逆に大きな原子核が二つに分裂したりする反応のこと。

03

等価原理

▼アインシュタインの一般相対性理論を生んだ礎

等価原理

加速度によって感じられる慣性力は、重力と区別できない。

第6章1節で、特殊相対性理論の枠組みの中では「観測者A（ホームに立っている人）に対して等速直線運動する観測者B（列車に乗っている人）がいるとき、AからBを見るとBの時間の流れは遅い」ということが予言され、実際にそれは多数の素粒子ミューオンが地表付近まで達することで実証されている、ということを述べました。

特殊相対性理論の枠内では「相手の時計が遅れる」

この状況をもう少し掘り下げて、逆の視点を考えてみましょう。BからはAのほうが等速直線運動しているように見えるので、同様に考えると「BからAを見ると、Aの時間の流れは遅い」ということになります。つまり、AとBは互いに

互いに「相手の時間が遅れている」と見える

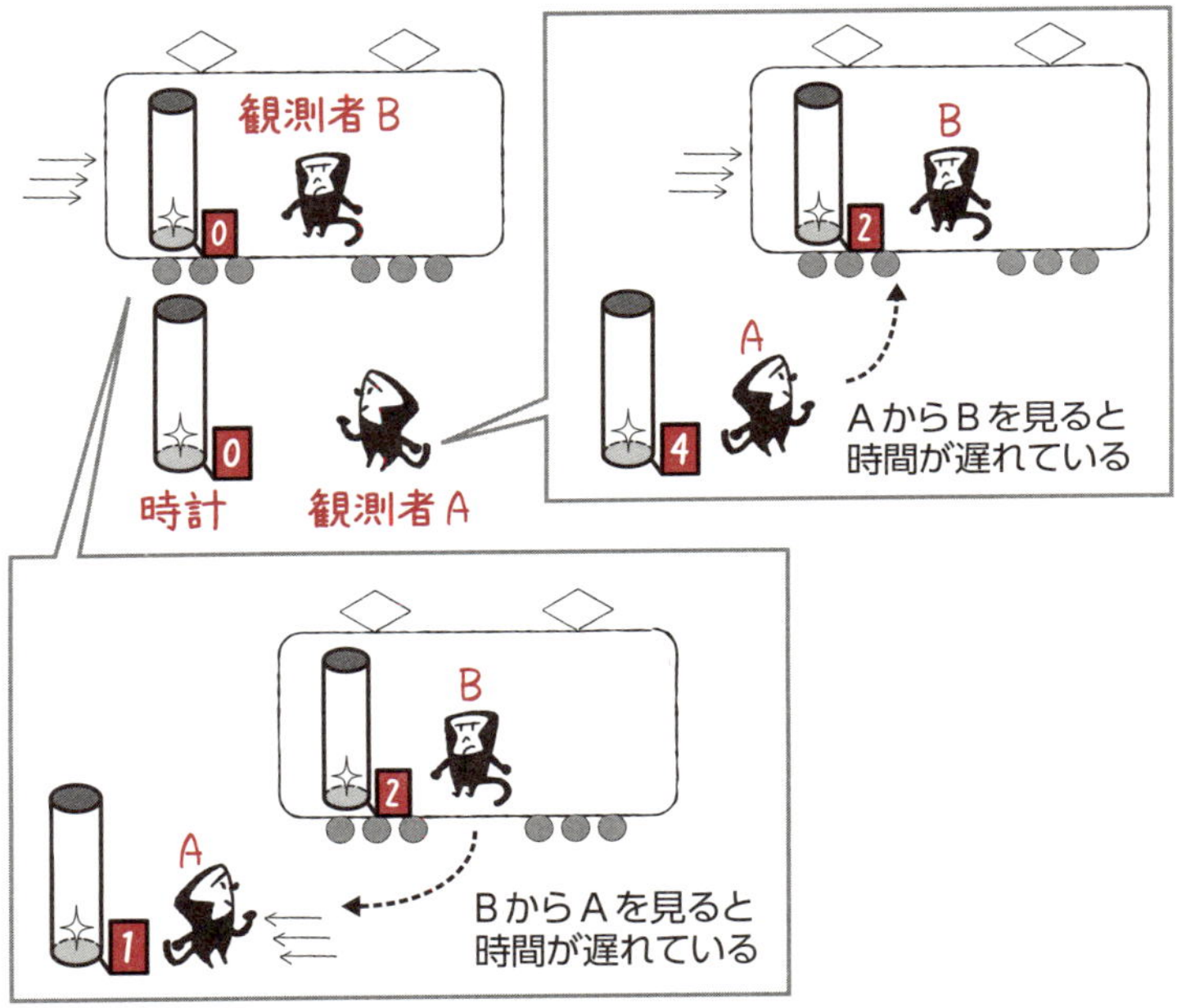

「相手の時間の流れが遅い」と主張することになります。

これは奇妙なことのように思いますが、「同時刻の相対性」に基づいて説明できます。例えば、AとBがすれ違う瞬間に2人の時計の時刻がゼロを指しているとすると、Aにとっては「Aの時計が4秒」と「Bの時計が2秒」が同時の現象だと観測され、Bにとっては「Aの時計が1秒」と「Bの時計が2秒」が同時の現象だと観測されるといった具合です。

しかし、この後Bの乗った列車が急停車して、AとBが出会って自分たちの時計を見せ合うとどうなっているでしょうか。ホームに二つの時計を置いて見比べるわけですから、この場合に「相手の時計が自分のより遅れている」と互いに主張することはできません。「どちらが遅れているか」については意見が一致しないといけません。実はこの場合、AよりもBの時計のほうが遅れているのです。一体なぜでしょう。

ウラシマ効果

もっと大袈裟な例として、地球からほぼ光の速さで遠くの星まで飛んで行くロケットを考えましょう。双子の兄弟のうち兄はロケットに乗り、弟は地球に残るとします。ロケットがほぼ光の速さで地球から遠ざかって行くとき、兄弟はともに「相手の時計が遅くなっている」と観測します。これは「時計」という特定の機械の動作についてのみ成り立つのではなく、素粒子の寿命や生体リズム、その他あらゆる時間に対して成り立ちます。したがって、ロケットが地球から飛び去って行くとき、兄弟はともに「相手はなかなか歳を取らない」と観測するわけです。

やがてロケットがUターンして、また地球に戻って来たとしましょう。再会した兄弟はどうなっているでしょうか。実は、ロケットに乗っていた兄のほうが若い（つまり兄の時計のほうが遅れている）のです。一体なぜでしょう。この事例は「**双子のパラドックス**」、または「**ウラシマ効果**＊」と呼ばれます。

ここに述べた二つの例は、特殊相対性理論の枠内では説明することができません。なぜなら途中に「加速・減速」という現象が入っているためです。列車の例では、列車が減速します。ロケットの例では、少なくともUターンの瞬間は急激に減速し、また加速しますし、地球に降り立つときにも減速します。特殊相対性理論は「互いに等速直線運動する2人の観測者」に対して成り立つのであって、加減速のある場合には使えないのです。加減速を含む現象を取り扱うことのできる「**一般相対性理論**」は、特殊相対性理論の発表後11年も経ってようやく完成しました。

「等価原理」という着想

アインシュタインの新しい着想は、「加速度運動と重力は区別できない」というものでした。例えば自分が乗ったエレベーターが上向きに加速を始めると、グッと下向きに押しつけられるような力を感じます。このとき感じられる力を「**慣性力**」と呼びます。第1章5節で述べた遠心力も、この慣性力の一つです。慣性系に対して加速度を持っている（加速・減速・あるいは方向転換をしている）観測者が感じる力のことです。

＊ウラシマ＝浦島太郎です。「ロケットで遠くへ行って戻って来ると地球の人々が自分より歳を取っている」という現象は、「竜宮城で3日過ごして戻ってくると300年経っていた」という昔話とよく似ています。

「区別できない」なら同じものとして扱う等価原理

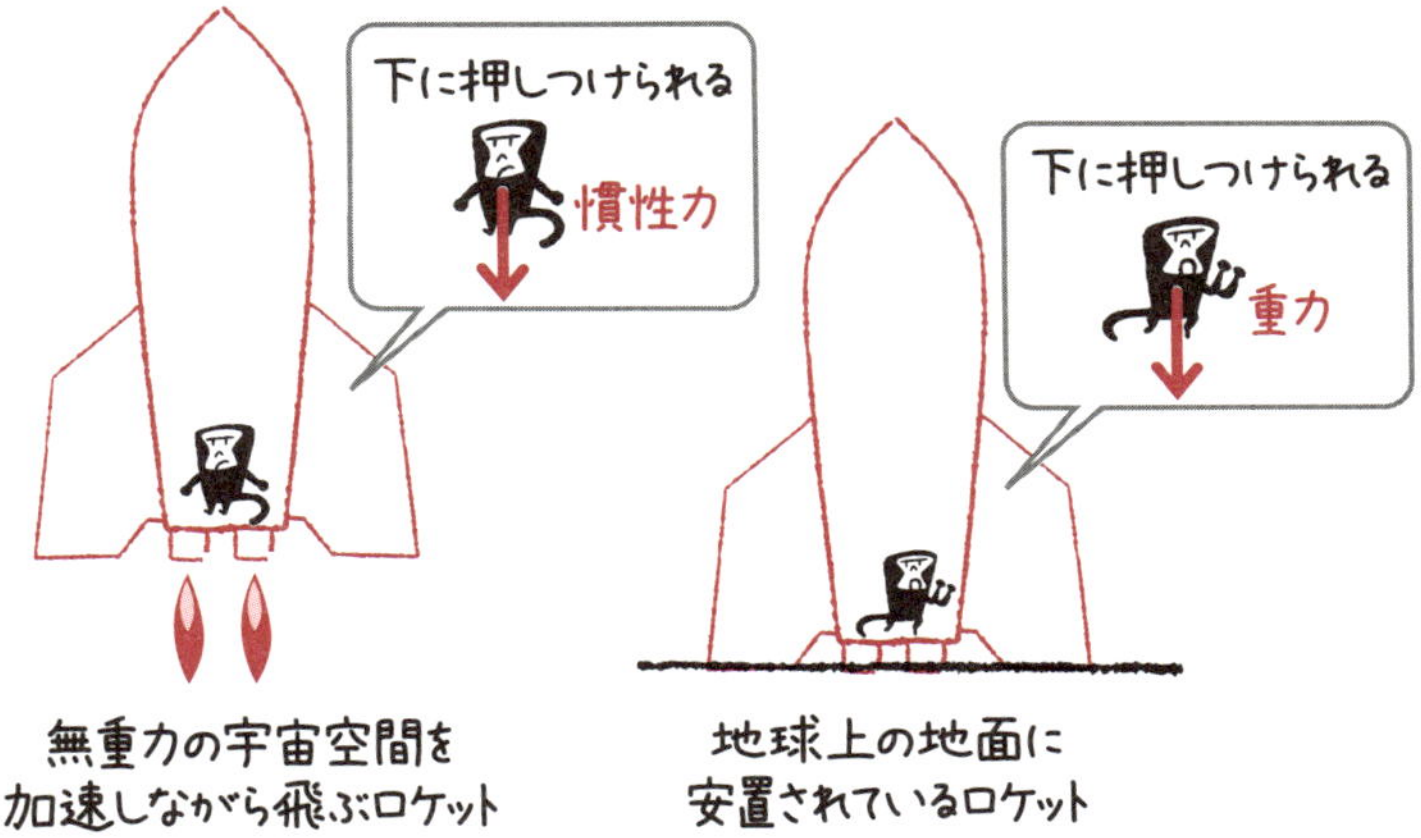

それと同じで、無重力の宇宙空間でロケットが加速していくと、乗員はロケットの下側に向かって押しつけられるような慣性力を感じます。

一方、このロケットが重力のある地球上に静止しているときも、乗員はロケットの下側に向かって重力によって押しつけられています。つまり、ロケットの外の景色が見えない場合には、乗員はいま自分を押しつけている力が慣性力なのか、重力なのか区別できません。区別できないのなら同じものとして取り扱おうというのが、アインシュタインの提唱した**「等価原理」**です。

重力は時間を遅らせる

アインシュタインが等価原理を着想したのは1907年のことですが、それから一般相対性理論が完成するまでに9年の月日を要しています。このことからも察せられるように、一般相対性理論というのはかなり難しい内容です。よって、ここでは結論を先に述べてしまいます。

一般相対性理論から導かれる結論の一つに「重力は時間を遅らせる」というものがあります。重力のかかる環境下では時計の進みが遅くなるのです。もちろん、重力が強いと時計の進みは一層遅くなります。ですから、地球の上を回っている人工衛星に搭載した時計と、地表に置いてある時計とでは進み方が違います。上空は重力が弱いので、人工衛星の時計のほうが早く進むはずです。

一方、人工衛星は地面に対して速さをもって飛ぶので、特殊相対性理論からは人工衛星の時計のほうが遅れることがわかります。両方の効果が完全に打ち消し合う場合以外は、地表の時計と人工衛星の時計はどんどんずれていくわけです。

カーナビの誤差は相対性理論で補正できる

そんなわけで、カーナビなどで使われているGPS衛星は、両方の相対性理論に基づいて時刻の補正を行なっています。補正しない場合に生じる誤差は、1日あたり約10万分の4秒程度ですが、GPS衛星から送られてくる電波は光速（秒速30万km）で飛んでくるので、距離に直すと30万km×10万分の4＝12km程度のずれを生み出すことになります。こんなに誤差があったらカーナビは使い物にならないので、いまや特殊相対性理論も一般相対性理論も生活に必須の理論であるといえるでしょう。

また、等価原理によって重力と慣性力は区別できないので、「慣性力の強い環境下では時間が遅れる」ということも同時に成り立ちます。つまり、激しく加減速をすると時間の流れが遅くなるのです。

先に述べた双子のパラドックスでは、弟のいる地球は特に加減速をしないのに対し、兄の乗ったロケットだけが加速したり減速したりするので、兄の時間の流れが一方的に遅くなるわけです。特殊相対性理論だけでは「パラドックス」のように思えた現象ですが、加減速を伴う現象ゆえ本来は一般相対性理論で考えるべきだったのです。

他にも、一般相対性理論からは「重力は空間をゆがめる」という結論も得られ、いろいろと興味深い現象を説明できるのですが、紙面の都合でここまでとしたいと思います。

04

不確定性原理

▼未来を確定的に予言することはできない！

不確定性原理

ミクロの世界の粒子においては、位置のゆらぎと運動量のゆらぎの両方が同時に小さくなることはできない。

第3章6節で見たように、粒だと思っていた電子には波の性質があります。この「波」というのは、電子という粒が波打って動いているということではなくて、「波の振幅の大きい場所に電子が存在する確率が高い」というような意味でした。この問題をもう少し掘り下げてみましょう。以下は電子を例にとって説明しますが、その他のミクロな粒子（陽子や中性子など）もすべて同じ性質を持っています。

電子の存在する場所は確率的に分布する

左図に示すように、電子が1次元（x軸）上を動くと考えると「波っぽい図」が描けますが、3次元（x・

確率的に電子の存在場所を考える

【電子が１次元の線上を動く場合】

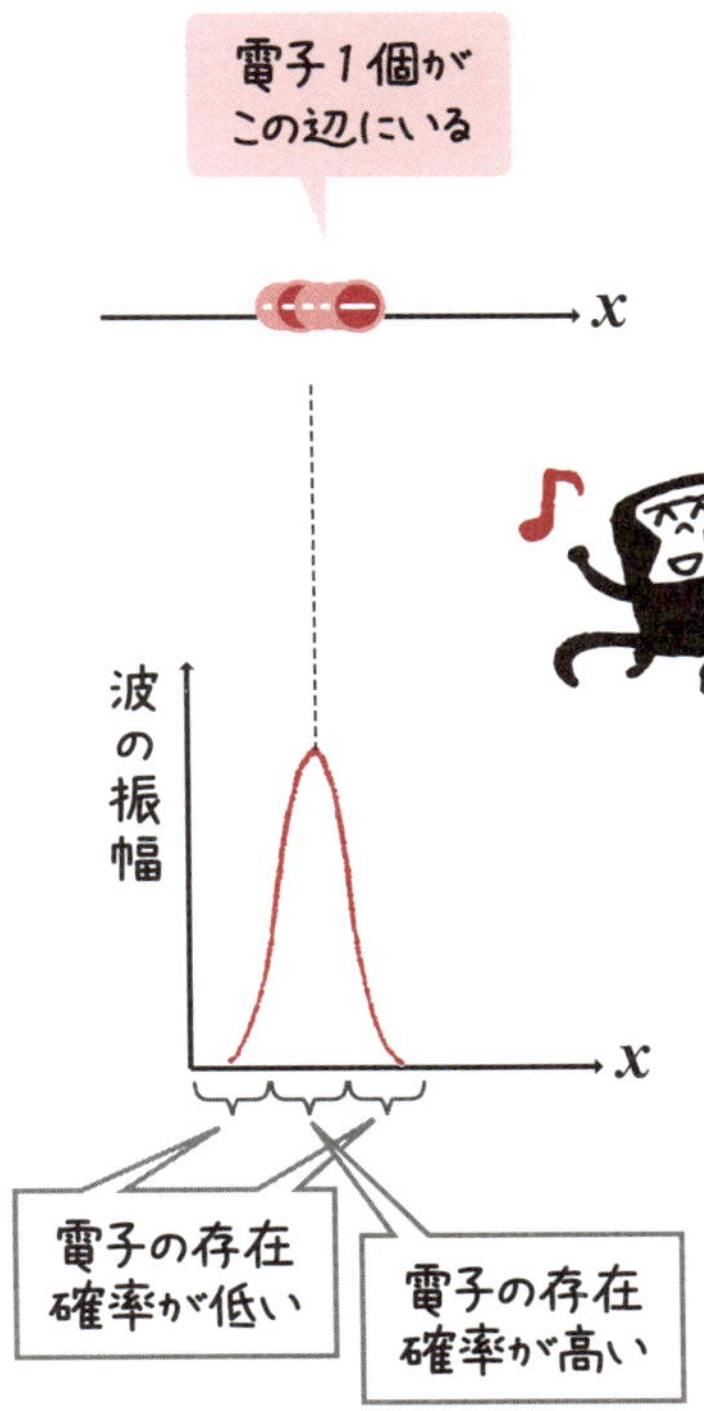

【電子が３次元空間内を動く場合】

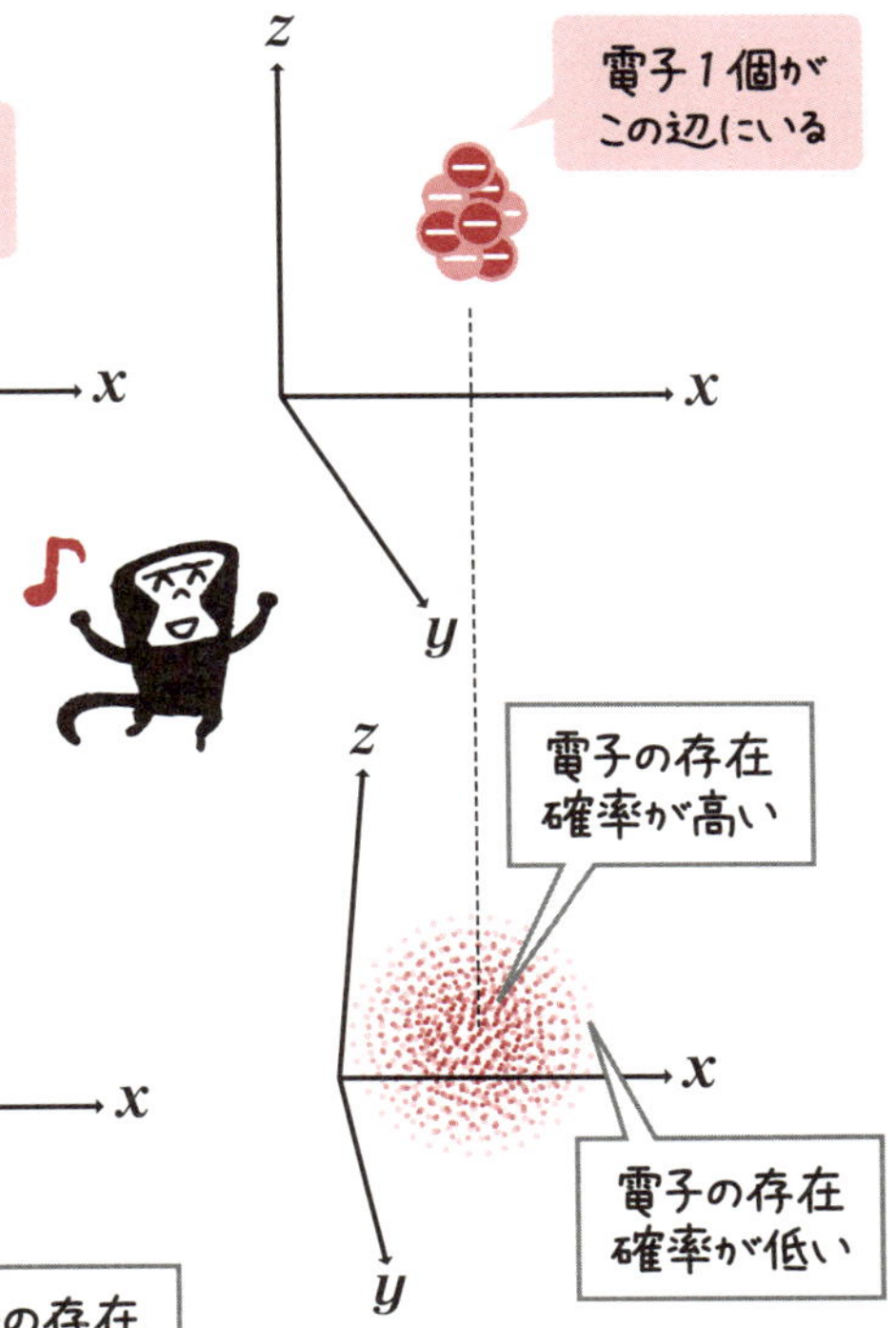

y・z軸）の空間内を動くと考えると、塗りつぶしの濃淡で振幅を表現しないといけません。濃いところが波の振幅の大きい場所、すなわち電子の存在確率が高い場所ということになります。この「存在確率が高い・低い」というのは、次のような意味です。

まず、ある場所の付近に電子が存在しているとします（そのあたりに電子の波が存在している）。その電子を観測するような操作（例えば電磁波を照射して散乱された電磁波を検出するなど）をすると、電子の存在位置がわかります。

ところが、その位置は観測するたびに異なります。ただ、何度も何度も観測すれば、波の振幅が大きい場所（前ページ図の濃いところ）で電子が見つかる回数が多く、波の振幅が小さい場所（同図で淡いところ）で電子が見つかる回数は少ないのです。

観測すると電子の運動量が乱れる

量子力学の創設者の一人であるドイツの**ハイゼンベルク**は、この「観測」について1927年に**思考実験**を提案し、「電子の位置を観測する行為によって、電子の運動量が乱れる」ことを示しました。「（電子の）運動量が乱れる」とは、「運動量＝質量×速度」が変わる、ということです。といっても、電子の質量は変わらないので、「速度が乱れる（変わる）」と思っていただいてもかまいません。

ハイゼンベルクは次のように考えました（少し簡略化してご紹介します）。電子の位置を観測するためには、前述のように電子に電磁波を照射して、散乱された電磁波をレンズで集めて像をつくる方法があります。この方法の場合、「像のボケの大きさ（つまり位置の測定誤差）は波長に比例する」という性質があります。一方、電磁波によって電子はね飛ばされます。その際の電子の運動量変化（これを「運動量の乱れ」と呼びます）は波長に反比例します。

つまり、位置の測定誤差と運動量の乱れを掛け合わせると、波長の影響が打ち消し合って消滅し、ある一定の大きさ（**プランク定数**。hと表わします）程度になることが予想できます。

「誤差（位置）×乱れ（運動量）～h」*

この関係のことを「**ハイゼンベルクの不確定性原理**」と呼びます。実際にはもう少しいろいろあって、

誤差（位置）×乱れ（運動量）≧ $\dfrac{h}{4\pi}$ ……… ①

と表わすのが普通です。つまり、

・位置の誤差を小さくしようとすると運動量の乱れが大きくなる

＊「～」は「だいたいこのぐらい」という意味の記号で、類似の記号に「≈」「≃」などがあります。

ハイゼンベルクの不確定性原理

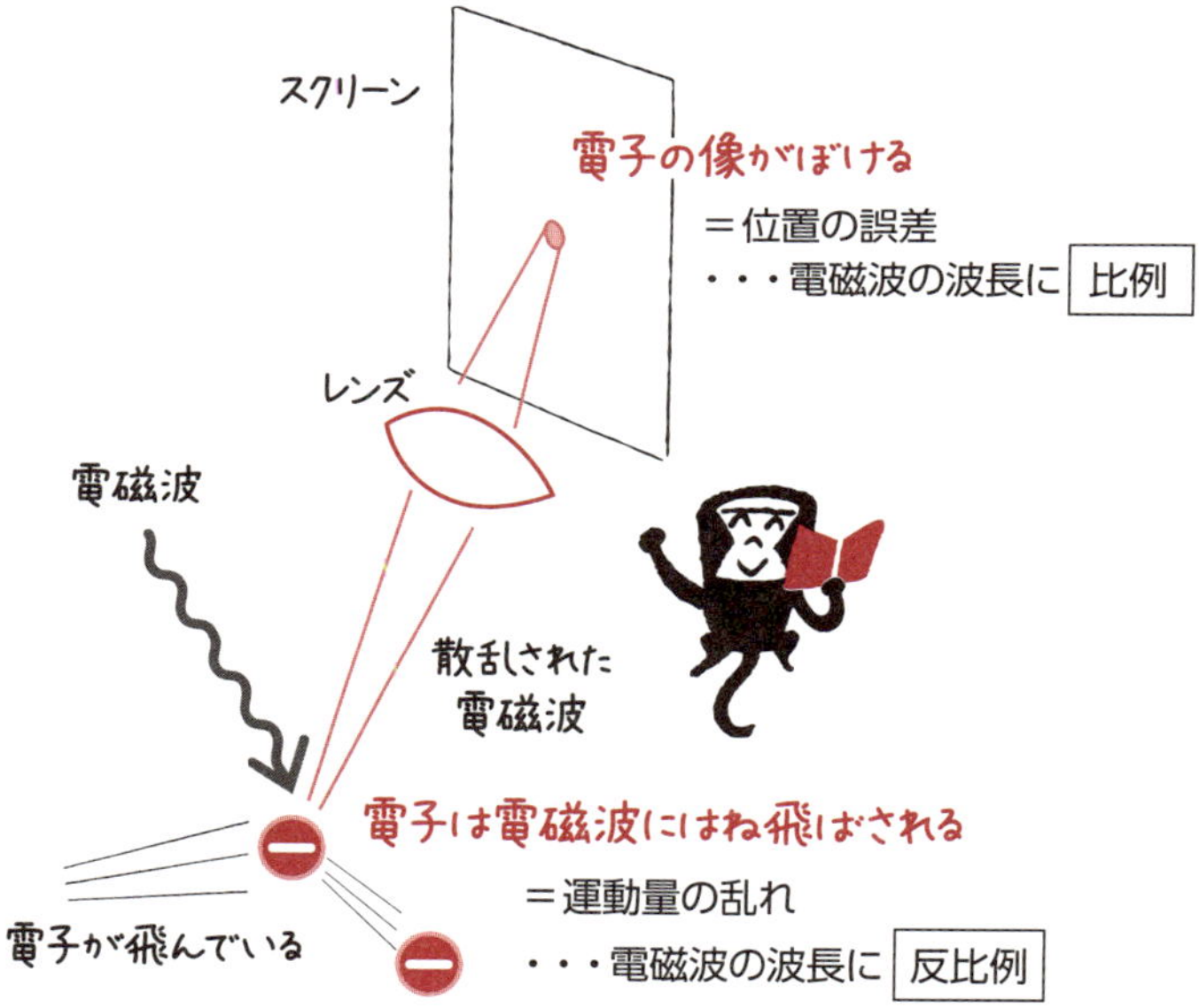

まとめ

「〜」は「大体そのぐらいの大きさ」という意味の記号です。

誤差（位置）〜波長

乱れ（運動量）〜 $\dfrac{h}{\text{波長}}$ （h：プランク定数）

掛け合わせると

誤差（位置）×乱れ（運動量）〜 h

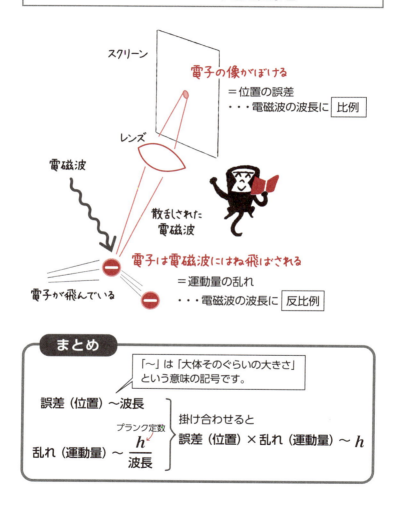

- 逆に、運動量の乱れを小さく抑えようとすれば位置の誤差が大きくなる

ということですね。「位置と運動量の両方を精密に測定することはできない」という主張の式です。

誤差（位置）×乱れ（運動量）〜*h*

これは「粒子の現在の姿を正確に知ることはできない。したがって、未来のことも確定的には予言できない」ことを意味します。

それまでのニュートン力学では、十分な観測データがあれば、物体の運動を過去から未来までいくらでも精密に知ることができました。それを一刀両断するかのようなハイゼンベルクの不確定性原理は、量子力学が拓く新しい世界観を表わすものとして、人々に非常に衝撃を持って受け取られたのではないかと思います*。

電子の位置を測定する方法として、「電磁波の照射」を採用したためにこのような関係が得られたのではないか、という疑問もあり得ると思います。それはもっともな疑問ですが、ハイゼンベルクらはこの原理が普遍的に成り立つものと推測し、今後の研究結果によってより強固に証明されていくだろうと考えたようです。

＊アインシュタインは、物理的事象が確率的にしか定まらないという量子力学の世界観に強い難色を示し、「神はサイコロを振りたまわず」と述べるなど懐疑的な立場を貫いたそうです。

観測しなくても位置と運動量にはゆらぎがある

ところで、同時期に量子力学の枠内にある「交換関係」という性質から、ケナードによってよく似た式が導かれました。それは次のような式です。

ゆらぎ（位置）×ゆらぎ（運動量） $\geqq \dfrac{h}{4\pi}$ ……… ②

先ほどの式①の「誤差」や「乱れ」を「ゆらぎ」といい換えただけではないか、と思われるかもしれませんが、意味はまったく異なります。誤差や乱れというのは、電磁波を照射するなどの観測行為を外部から行なった結果、もたらされるものです。

ところが、ケナードの導いた式中の「ゆらぎ」は観測行為とは何の関係もありません。量子力学の枠内では、観測する前から位置や運動量が確定値に定まっておらず、「ある範囲内でゆらいでいる」のです。式②によれば、位置と運動量のゆらぎが両方とも小さくなることはできず、一方が小さくなればもう一方は大きくなるということがわかります。

最初に不確定性ということを言い始めたハイゼンベルクは、観測行為による誤差・乱れと、ケナードが示した「観測とは関係なく粒子に備わっているゆらぎ」とをあまり区別していなかった（できなかった？）のではないかという話もありますが、何しろ量子力学の

小澤の不等式と①式を比べると

$$誤(位) \times 乱(運) + ゆ(位) \times 乱(運) + 誤(位) \times ゆ(運) \geq \frac{h}{4\pi} \quad \cdots ③$$

↑ ハイゼンベルクと同じ部分（①式）

↑ 小澤の不等式の新しい部分

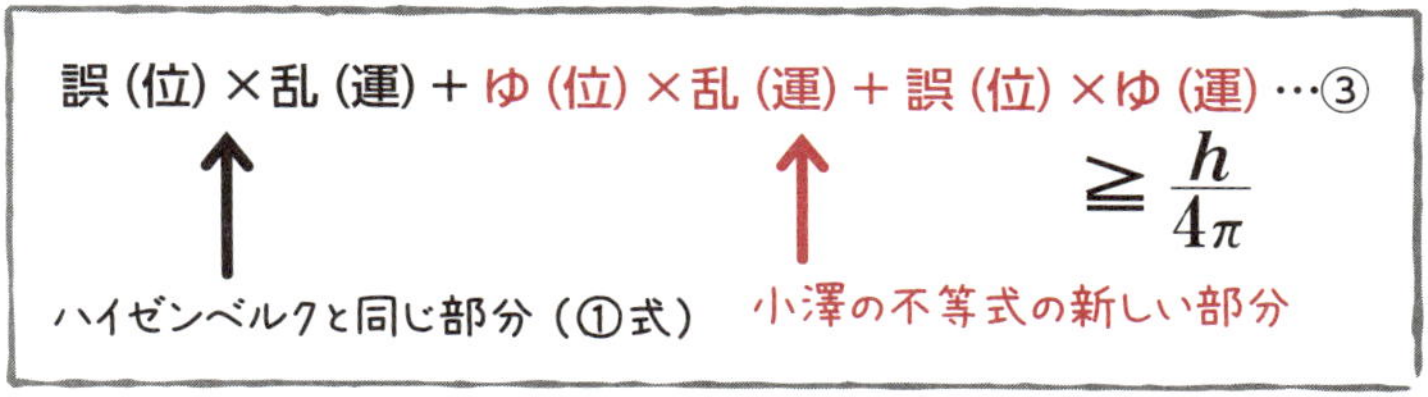

黎明期ですので無理もないことかもしれません。

📍 不確定性原理を覆した？ 小澤の不等式

最近になって、「ハイゼンベルクの不確定性原理が覆された」という報道がありました。これは名古屋大学の小澤正直氏が2003年に提唱した**小澤の不等式**、およびそれを実験的に実証した2012年の実験（ウィーン工科大学の長谷川祐司氏らによる）のことです。

小澤の不等式は次のようなものです。長くなってしまうので、「誤差・乱れ・ゆらぎ・位置・運動量」を、それぞれ「誤・乱・ゆ・位・運」と略記して、上のように示しました。

この式の最初の部分はハイゼンベルクの不確定性原理（239ページの式①）と同じ形をしていますが、その後に新たに2項が加わっています。そのため、誤差と乱れの両方を非常に小さくすることが可能（その代わり、位置と運動量のゆらぎは大きくなる）ということが予想されます。これはハイゼンベルクの不確定性原理（誤差と乱れの両方を同時に小さくすることはできない）に反することですが、実際にそんなことが起こるのでしょうか。

長谷川氏らの実験というのは、この誤差と乱れを測ったことに相当し、その積がハイゼンベルクの提唱した$\frac{h}{4\pi}$を下回るが（つまり式①の不等号が破れる）、式③の不等号は満たされるということを見出したものです。ちなみに、ケナードの式②の不等式は破られていません。

まだ新しい結果ですので、物理学者の間にどこまで広まっているのかはわかりませんが、90年近く君臨してきたハイゼンベルクの不確定性原理が、いままさに書き換えられようとしているのかもしれません。こういう歴史的な転換期に観客として立ち会えるというのは、非常に胸が躍りますね。

おわりに

最後までお読みいただき、ありがとうございました。「物理があちこちに潜んでいる！」ということを感じていただけましたでしょうか。もしも周囲のものの感じ方が変わった気がする……なんてことがありましたら、筆者としては大変嬉しいことです。

遅まきながら自己紹介となりますが、私は日頃、大学進学のための学習塾で高校生に物理や化学を教える仕事をしています。その際、もちろん塾ですから「よく出る問題」や「〇〇大学の出題傾向」などのポイントも伝えていますが、もっと大切にしていることがあります。それは〝いま学んでいること〟と〝実際の世の中に現れる現象〟のつながりを、できるだけ豊かなイメージとともに伝えるということです。

1年前、塾を卒業する生徒に書いてもらった受験体験記に、こんな一節がありました。

私が最も苦手だった物理では、なぜこの公式が成り立つのか、この法則は日常生活、社会、世界でどのように使われているか、といった点を教えていただきました。そのおかげで、これまで公式を当てはめて解いていただけの問題が面白く、もっと深く知りたいと思えるようになり、物理に対する苦手意識がなくなり、問題を解くことが楽しく感じられるようになりました。

こんなことを書いてもらえて幸せだなと思っていた矢先、編集工房シラクサの畑中隆さんから「物理の法則が実際にどんな分野でどのように使われているのかにスポットを当てた本を書きませんか」というご依頼をいただき、執筆に至ったのが本書です。畑中さんには、章立てから節ごとの読後感チェックに至るまで、本当にお世話になりました。

また、もし本書を気に入っていただけましたら、それは私一人の力ではなく、いままで私の指導を受けてくれた塾生の皆さんのおかげでもあります。「自転車のハンドルの持ち方を変えると、坂道で感じるきつさが変わる気がします」「天然パーマの髪の毛はどうして曲がるのですか」「相撲でまわしを引く位置によって相手に加わる力が変わるのはなぜですか」「机に置いた物体を支えるのは机、机を支えるのは床、床を支えるのは地面……とたどっていくと、最終的にどこに行き着くのですか」等々、さまざまな発見や疑問を皆さんが寄せてくれたから、私の考えもどんどん豊かになりました。

最後に、私を何から何まで支えてくれた妻に心からの感謝を捧げます。ありがとう。

横川　淳

横川 淳（よこがわ・じゅん）
コムタス進学セミナー呉駅前校校舎長・理系科長。気象予報士。博士（理学）。1974年広島県出身。京都大学理学部卒業・同大学院理学研究科博士課程修了（専攻はX線天文学）。2008年、北海道大学CoSTEP（科学技術コミュニケーター養成ユニット）選科Aを修了し、塾生の生活のすき間に「科学を染みこませる」ことを模索中。
中国新聞社「ちゅーピー子ども新聞」のコラム「おもしろ理科」を創刊号から6年余り担当。ブログ「カガクのじかん」（http://d.hatena.ne.jp/inyoko/）で、身近なところで見つかる科学のネタを発信中。主な著書に「気楽に物理」（ベレ出版）、「身につく 気象の原理」（技術評論社）。

ぼくらは「物理」のおかげで生きている

2016年6月10日　初版第1刷発行

著　者　横川 淳
発行者　小山隆之
発行所　株式会社 実務教育出版
〒163-8671　東京都新宿区新宿 1-1-12
電話　03-3355-1812（編集）　03-3355-1951（販売）
振替　00160-0-78270

印刷／壮光舎印刷　　製本／東京美術紙工

ISBN978-4-7889-1178-9　C0042

《素晴らしきサイエンス》シリーズ

ぼくらは「化学」のおかげで生きている

齋藤勝裕 著

あなたのまわりの不思議を「化学」すれば、
世界はもっとワクワクします!!

定価 1400 円（税別）

ISBN978-4-7889-1141-3

ぼくらは「数学」のおかげで生きている

柳谷晃 著

成り立ちや、使われ方から読み解く、
「数学」のおもしろさ。

定価 1400 円（税別）

ISBN978-4-7889-1144-4

ぼくらは「生物学」のおかげで生きている

金子康子・日比野拓 著

生きるヒントは「生物学」に学べ!

定価 1400 円（税別）

ISBN978-4-7889-1170-3